许林英 等 主编

鲜食大豆高效种植新技术

XIANSHI DADOU
GAOXIAO ZHONGZHI XINJISHU

中国农业出版社
农村设物出版社
北 京

Xianshi DaDou
Gaoxiao Zhongzhi Xinjishu

主　　编：许林英　崔丽利　史　骏　张古文　王　涛

副 主 编：王先挺　李水凤　王伟毅　蔡娜丹　孙红红
崔萌萌　冯洁琼　史努益　徐伟韦　陈纪算

参编人员（按姓氏笔画排序）：
王亦军　王显栋　王琦慧　刘振宇　吴雪荣
岑汤校　沈建军　张　瑞　张水根　张立权
张佳丽　张晓萌　张琳玲　张富仙　陈素娟
范林洁　金海元　郑　洁　郑国珍　孟秋峰
胡晶金　姚介缘　翁　颖　梁秀华　葛超楠
程　萱　童纪氚　谢士杰　蔡　盼

前言 FOREWORD

大豆为豆科蝶形花亚科菜豆族大豆属［*Glycine max* (L.) Merr.］。鲜食大豆是指在鼓粒盛期至初熟期采青食用的特用大豆，因大豆荚上有毛，又名毛豆，也叫菜用大豆，在日本称为枝豆。一般大豆青收时都可作为鲜食大豆食用。随着大豆市场的发展，具有籽粒大、质糯、易煮软、味鲜美等特点的专用于鲜食的新品种迅速发展，其栽培技术也较一般大豆更为精细。

大豆栽培利用在我国已有5 000年历史。中国鲜食大豆最早的记载是公元前200多年的春秋战国时期。世界各国的大豆品种都是在不同历史时期直接或间接由中国传播出去的。浙江省属于长江流域中下游地区，地处中国东南沿海长江三角洲南翼，属亚热带季风气候，季风气候显著，四季分明，夏季高温多雨，冬季晴冷少雨，年平均气温15～18℃。大豆属喜温作物，生长适温为15～33℃。目前，浙江省鲜食大豆种植面积在40万亩左右，以春播为主，也有秋播。主要分布于宁波、绍兴和台州，其他各地也均有种植。浙江省鲜食大豆露地春播适栽季节在3月中下旬至4月初，供应季节在6月中旬至7月初。由于收获期适逢梅雨季节，产量和品质均受到一定的影响，市场价格低，导致农民收益下降。为了进一步增加鲜食大豆的产量，提高农民的经济效益，编者基于多年来从事鲜食大豆高产栽培的研究成果，结合国内外相关研究的最新进展，从生产实际出发，针对浙江省鲜食大豆生产现状，结合多年来的研究与实践，总结出一套利用覆膜栽培技术提前播种、提早收获鲜食大豆以避开梅雨季节的技术，并编写了《鲜食大豆高效种植新技术》一书。

全书共分6章，第一章至第四章由慈溪市农业技术推广中心许林英撰写；第五章由浙江省农业机械研究院王涛撰写；第六章由慈溪市农业监测中心史努益撰写。张古文、李水凤提供了相关照片和资料。崔丽利、张瑞、王先挺、蔡娜丹等参与了有关资料的整理工作。

在此，特别感谢宁波市科学技术局和慈溪市科学技术协会给予的项目资助，同时向本书所引用的其他文献资料的作者表示谢意。

由于时间紧迫、水平有限，书中疏漏之处在所难免，恳请专家、同仁和广大读者批评指正。

编　者

2022年5月

目录 CONTENTS

第一章

概　述

第一节　鲜食大豆的经济价值

大豆包括小粒的黄大豆和大粒的鲜食大豆，实际上这种区分的界限并不分明，因为除了籽粒大小的差异外，一般认为两者遗传差异较小。中国种植的大豆约有九成是黄大豆。以绿色嫩豆粒作为蔬菜食用的大豆或以蔬菜为目的而栽培的大豆，园艺学上称为鲜食大豆或是菜用大豆。因大豆荚上有毛，所以通常将鲜食大豆叫作毛豆，又因青豆荚长成时，常连株割下或拔起，去叶后连枝带荚出售，故又名枝豆。最适合于鲜食的大豆品种，应具有籽粒大、质糯、易煮软、味鲜美等特点，其栽培技术也较一般大豆更为精细。

（一）鲜食大豆的营养组成

鲜食大豆富含蛋白质，是植物蛋白的主要供应源，蛋白质中含有易于吸收的多种氨基酸。每百克嫩豆粒中含水分57～69克、蛋白质13.6～17.6克、脂肪5.7～7.1克、碳水化合物7克、粗纤维2.1克。此外，还含有多种维生素和无机盐。据徐兆生等（1995）对55份鲜食大豆品种鲜籽粒粗蛋白的测定结果表明，以干重计，鲜食大豆籽粒的粗蛋白含量在35.25%～45.48%，平均含量为39.93%，与黄大豆相近（37%～40%）。鲜食大豆、黄大豆都含有丰富的氨基酸，其氨基酸的种类和组成相似，谷氨酸、天门冬氨酸和亮氨酸含量较高，半胱氨酸和蛋氨酸含量较低。

Almohamed 和 M Rangappa（1992）研究了 17 个鲜食大豆品种鲜籽粒的油分、脂肪酸组成。测定结果表明，不同品种间鲜食大豆籽粒含油量存在明显差异，变化范围在 15.65%～23.36%（干重），其平均含油量为 18.44%，与黄大豆相近（18.4%）。鲜食大豆脂肪酸的组成与黄大豆相似，含有 11.07% 的棕榈酸、3.22%的硬脂酸、20.64%的油酸，籽粒中不饱和脂肪酸的含量很高（84.43%），其中主要是亚油酸（53.34%）和亚麻酸（9.19%）。亚油酸和亚麻酸虽然不利于油分的储存，却是人体生长发育和维持正常的生理功能所不可缺少的必需脂肪酸。它们不能被人体所合成，需要依靠膳食补充，在代谢中，它们有助于改变人体中胆固醇的分布。因此，鲜食大豆油是一种高品质油，它具有很强地降低血清胆固醇的能力。

与黄大豆相比，鲜食大豆籽粒碳水化合物中淀粉的含量较高，约占干重的 10%，总糖量与黄大豆相近，但含有较多的蔗糖、果糖和葡萄糖，而黄大豆中含低聚糖多，主要是棉籽糖和水苏糖的含量明显高于鲜食大豆。其中，蔗糖是产生鲜食大豆甜味的主要因素。研究表明，蔗糖、葡萄糖与鲜食大豆食味之间具有明显的相关性，蔗糖、葡萄糖含量越高，则鲜食大豆的味道越好（Masuda et al.，1988）。而低聚糖中的棉籽糖和水苏糖是食用豆类产生肠胃胀气的主要原因，为食用豆类的抗营养因子之一。因此，鲜食大豆食味优于干粒大豆。鲜食大豆不同基因型间脂肪氧化酶的平均活性为 2 173.6 单位/（分钟・毫克干物质）（Almohamed and M Rangappa，1992）低于黄大豆的脂肪氧化酶的活性［2 758.8 单位/（分钟・毫克干物质）］（Hafez，1983），使得鲜食大豆更易被人们所接受。

（二）鲜食大豆的品质

鲜食大豆由于其独特的风味、甜味和口味，在中国、日本等国家很受大众欢迎。鲜食大豆的品质性状一般包括 7 个方面，即外观、口味、风味、质地、营养价值、卫生品质和加工品质。由于口味、风味和质地与消费者的食用关系密切，有时又将这三者归类为鲜食大豆的食用品质。其中，外观品质和卫生品质最为重要，是商品规格的一部分，同时食用品质和营养品质是必需的，并影响产品的价格。

1. 外观品质 鲜食大豆的外观性状包括绿荚大小、荚色、每荚粒数和豆粒大小。市场上以豆荚形式出售的鲜食大豆一般分为 4 级，出口加工用的鲜食大豆要求荚色翠绿，每荚至少有 2 粒发育良好的种子，且 2 粒种子必须相邻；荚长至少 4.5 厘米、宽 1.3 厘米、厚 0.6 厘米，大荚大粒，鲜荚每千克不超过 340 荚，干籽百粒重在 30 克以上。豆荚应呈绿色，有较好的外形，无斑点。这样的话，无论在批发市场还是零售市场都能卖到好价钱。豆荚发黄说明已失去新鲜度，并且维生素 C、蔗糖和游离氨基酸已开始降解。

在日本的一些鲜食大豆产区，特级品必须有 90%以上的豆荚有 2 粒或 3 粒豆子，豆荚外形较好，通体碧绿，无破损，无斑点；B 级鲜食大豆必须有 90%以上的豆荚有 2 粒或 3 粒豆子，豆荚颜色为浅绿色，有轻微的斑点、破损或残缺，并且豆荚可稍短一些或籽粒可以稍小一些；A 级处于特级和 B 级之间。3 个等级的鲜食大豆，均必须剔除过于成熟或未成熟、有病害、被虫咬、只有 1 粒豆、发黄、残缺、开裂、有斑点的豆荚。

2. 食用品质 目前，还没有鲜食大豆食用品质的具体指标，这是因为食用品质与消费者的个人喜好有关。鲜食大豆的食味性状可分为甜度、口感、质地和香味。一般以甜度高的口感为好，其中，蔗糖含量是影响鲜食大豆甜度的第一大因素。籽粒中游离氨基酸的含量是影响鲜食大豆口感的第二大因素。在鲜食大豆籽粒所含的氨基酸中，谷氨酸的含量最高；而在游离氨基酸中浓度最高的是天门冬酰胺，其次是丙氨酸，谷氨酸排在第三位。有研究表明，天门冬酰胺、丙氨酸和谷氨酸对鲜食大豆的口感有很大的影响。其中，丙氨酸和谷氨酸的含量与鲜食大豆口感呈显著的正相关关系。鲜食大豆的质地是一个相当复杂的因素，现在一般用硬度来表示，硬度低的鲜食大豆易煮烂，品质相对较好。

鲜食大豆籽粒中影响食用品质的成分是皂苷、异黄酮和低聚糖类物质，皂苷和异黄酮是使豆子具有苦味、涩味、金属异味的因子。种子内皂苷主要集中在胚轴部分，占0.6%～6.61%，并随种子成熟度的不同而不同。有关熟豆子中的干燥口感产生的原因，目前还没有明确的研究结果，而有关皂苷和异黄酮生物活性的研究涉及从抗生素到整个药物研究的一个很大范围。

鲜食大豆中的低聚糖主要是棉籽糖和水苏糖，是食用大豆后产生肠胃胀气和腹部不适的主要原因。但近年来有报道指出，棉籽糖和水苏糖能促进双歧杆菌的生长，从大豆中分离出的低聚糖可添加到饮料产品中。

3. 卫生品质　鲜食大豆通常连壳煮沸5～8分钟即可食用，因此对卫生品质要求较高，要求豆荚含菌量少于300万个/克，不应含有大肠杆菌和沙门氏菌。

鲜食大豆富含蛋白质、维生素A、维生素C、维生素E和食用纤维，营养价值很高。但是，煮熟的豆子里还含有蛋白酶抑制剂和一些抗营养因子。提高鲜食大豆的品质要从产前、产后两方面着手，产后加工能保证大豆在到达消费者之前可以保持新鲜以及较高的蔗糖和游离氨基酸水平。

4. 加工品质　市场上有两类鲜食大豆产品，即新鲜的和冷冻的。鲜食大豆作为一种辅助菜肴，特别适合与啤酒一起食用。豆荚在沸水中加少量盐煮5～8分钟后即可食用。冷冻大豆一般用于餐馆之类，而日常家庭主要食用未冷冻的鲜食大豆。

鲜食大豆的销售形式有2种：一是豆荚与根、茎、叶连在一起整株出售，二是把豆荚从茎上摘下来以后单独出售。传统上，在鲜食大豆生产区和消费区附近，一般是豆荚与根、茎、叶一起整株出售。而现在较常见的是事先摘下豆荚，这样便于远距离运输和减少浪费。

鲜食大豆收获一般分为机械收获和人工收获。无论是哪种收获方式，应摘去不好的豆荚和叶片，尽量避免豆子损伤。收获后，冷冻和软化前的时间越短，品质保持得越好，产后加工的关键是缩短冷冻和软化前的时间。

在冷冻条件下处理豆荚，对于保持它们的品质很重要。一般在大豆的生产区要对摘下来的豆荚进行冷冻处理，然后再运往消费市场。对大豆的冷冻处理在真空状态下较好，因为温度下降迅速有利于保持大豆的品质。

第二节 我国的大豆栽培区划

我国大豆的栽培是以干大豆的区划为标准的。从南到北、从东到西，除了青藏高原外，都适合种植大豆。干大豆的主要产地在东北地区，包括黑龙江、吉林、辽宁以及内蒙古东部，常年大豆种植面积在 6 000 万亩* 左右，约占全国的一半；其次是黄淮地区，常年大豆种植面积在 3 000 万～4 000 万亩，主要有河南、河北、山东和江苏与安徽省北部；南方地区则是我国大豆另一主要产区，虽然面积小于上述两大产区，却是我国最大的大豆消费地区。目前，大豆种植面积超过 500 万亩的省份有 6 个，包括黑龙江、内蒙古、河北、河南、山东和安徽；面积在 300 万～400 万亩的有 7 个，包括吉林、辽宁、江苏、湖北、湖南、广西、陕西；其他省份大豆种植面积较小。

关于我国的大豆区划问题，王金陵先生早在 1943 年就提出了将我国大豆划分为 5 个栽培区，即春大豆区、夏大豆冬闲区、夏作大豆区、秋作大豆区和大豆两获区。他在 1961 年编写的《中国大豆栽培学》中，将 5 个栽培区又进一步划分成 8 个栽培

* 亩为非法定计量单位。1 亩＝1/15 公顷。

副区。河南省农业厅（1980）出版的《大豆》一书中，也将我国大豆划分为5个栽培区，为春大豆区、黄淮流域夏大豆区、长江流域夏大豆区、秋大豆区、大豆两作区。《大豆科学栽培》中又将大豆栽培区划分为4个，即为北方春大豆区、黄淮流域夏大豆区、长江流域夏大豆区、南方多熟制大豆区及9个亚区（张磊，2010）。关于大豆生产的自然区划，由于大豆是喜温作物，热量、降水量、光周期是影响我国大豆分布和区分品种类型的3个主要气象因素。在我国不同地区，这3种因素差别很大，因而形成了不同的耕作制度、区域分布和品种类型。

大豆虽然含有丰富的营养，但是它不能作为消费者生活最基本的主要食粮，也不是唯一的油料作物。在轮作制中，也只能处于次要或配合的地位。在我国北部春小麦杂粮区，大豆是春播作物的一部分。在黄河、淮河流域冬小麦、棉花区，大豆以夏播为主兼春播。南方地区是分为春播、夏播、秋播3个时期交错种植。从以上分布情况看，将我国大豆栽培区划分为北部大豆区、黄淮大豆区、南方大豆区三个大区更符合当前栽培的实际情况。

栽培区内根据各地自然气候特点再划分若干亚区。亚区内以生育期的类型为主要依据，结合结荚习性、籽粒形状、籽粒大小、化学品质等性状，再划分为若干生态型区。采用大区、亚区、生态型区三级区划的结构，可以由大及小、由粗到细、比较完整而全面地反映我国大豆种植状况。

关于大豆区划的命名，过去习惯于用春大豆、夏大豆或秋大豆作为区的名称，这是欠妥的。因为我国各地区的大豆虽均有春播、夏播、秋播之分，但栽培上的播种期与品种生育期类型在概念上并不相同。用于不同播种期的品种并没有严格的界限，北部区春播大豆引至黄淮区可作夏播品种，引至南方，春、夏、秋播均可，在海南也可冬播。黄淮区夏播大豆也可在本地区春播，在南方区也可作春、夏、秋播的大豆。生育期类型与该品种对温度、光照要求和光照反应强弱有关，以早、中、迟和感光感温性强弱表示为宜。目前，我国大豆品种生育期类型的划分还没有统一标准。因此，以春大豆、夏大豆、秋大豆表示生育期类型，显然是不确切的。而把春播、夏播或秋播作为大豆区划中表示大豆在耕作栽培制中的播种期比较合适。具体来说，就是栽培大区可以依据区域的地理位置命名，亚区可以依据区域范围内的自然条件特点和播种期情况命名。

（一）划分大豆栽培区的依据

大豆栽培区域的形成是长期以来自然因素与人为因素综合作用的结果。因此，在划分大豆栽培区时，要考虑以下方面。

1. 大豆的分布　我国除个别高寒山区外，各地均能种植大豆。海拔 2 400 米的西藏波密和海拔 3 658 米的拉萨，都有关于种植大豆的报道。

从大豆产量在粮食总产量中所占的比例来看，我国大豆产量最高的 8 个省份为黑龙江、山东、河南、吉林、安徽、河北、辽宁、江苏，其大豆产量约占全国生产总量的 80%；大豆产量较多的省份还有湖北、陕西，约占全国大豆生产总量的 10%；还有 10%分散于其余省份。

由此可见，我国大豆分布的特点是东部较西部多，北方分布集中，南方分布较分散。大豆的集中产区是东北松辽平原、黄淮平原、长江三角洲地区以及江汉平原。

2. 气候自然条件　影响大豆区划的自然因素是多种多样的。其中，最主要的有以下 4 个方面。

（1）地理纬度。大豆是短日照作物，日照长短对大豆生长发育和品种分布关系很大。日照短可以促进开花，提早成熟；日照长能促进生长，延缓成熟。日照随地理纬度的不同而变化。以一年内日照最长的夏至这一天来说，在北纬 48°的黑龙江克山，每日光照为 15.59 小时；北纬 22°的广东茂名，则为 13.26 小时。纬度相差 26°，相差 2.33 小时。大豆品种的适应范围较窄，1 个品种往往只能在 2～3 个纬度范围内充分发挥其丰产性能。

（2）温度（特别是开花期所处的温度）。凡 7 月平均温度在 19℃以上的地区均可种植大豆。虽然地理纬度相差大，但是当海拔高低相同时，两地的气候条件也会接近，这样的情况可划为同一栽培区；反之，地理纬度相近，由于海拔高低不同，两地气温差别比较大的，这种情况不能划为同一栽培区。

（3）无霜期长短。无霜期长短同耕作栽培制度和大豆品种栽培类型有关系。无霜期在 160 天以下的地区，一年一熟，以种春播大豆为主；无霜期为 160～200 天的地区，以种春播大豆为主，可兼种夏播大豆；无霜期为 200～250 天的地区，以种夏播大豆为主，可兼种春播大豆；无霜期为 250～350 天的地区，种春、夏、秋播大豆均可；无霜期在 350 天以上和全年无霜的地区，一年四季可种大豆，并能顺利地越冬，一年收获两季。

（4）降水量。在全年降水量少于 300 毫米又无灌溉条件的地区种植大豆，产量极不稳定，没有生产价值；年降水量为 300～500 毫米的地区，能种植大豆，但降水量分布不均，会影响大豆的产量，尤其是花期和结荚期的降水量，对产量影响更大；年降水量在 1 000 毫米以上的地区，阴雨天多，也不利于大豆生产。而年降水量 500～1 000 毫米的地区，则十分有利于大豆的生长和发育。

3. 耕作栽培制度　耕作栽培制度是影响大豆栽培区划最关键的因素。北部春麦区，一年一熟，大豆春播。冬麦-春麦交错区和北部晚熟冬麦区，凡麦收后仍有 90～100 天生长期的地区，以春播大豆为主，兼种夏播大豆。在冬麦为主的华北平原中熟冬麦区和长江流域中早熟冬麦区，麦收后生长期较长，以夏播大豆为主，部分土壤瘠薄干旱的杂粮区，也有春播大豆。在麦、稻两熟制为主的长江中下游和西南高原稻区，以春、夏播大豆为主。春播大豆既可单种，也可与小麦套种；夏播大豆在小麦或油菜、蚕豆收获后播种。在华中稻、麦两熟区，以春、夏播大豆为主。双季稻区以春、秋播大豆为主。秋播大豆在小麦、早稻收获后，或小麦、玉米收获后播种。在华南双季稻（北纬25°至北回归线以南）地区，春、夏、秋播大豆均有。在海南，四季可种大豆，冬播、夏播连收两季。

此外，凡种植玉米的地区，均有玉米、大豆间作的习惯，并且在有些地区已制度化。

4. 大豆品种生态类型 大豆是“多型性”作物。大豆品种的感光感温特性、生育期类型，以及粒色、粒形、粒大小、结荚习性、理化性质等不同类型，与栽培条件的适应性及区域分布有密切的关系。例如，早熟类型在北部春播可以正常成熟，在南方春播也可正常成熟；而极晚熟类型在南方秋播可以正常成熟，在北部秋播则不易成熟。

（二）大豆栽培区划

根据上述综合因素，可将我国大豆划分为以下3个栽培区10个栽培亚区。

1. 北部大豆区 包括黑龙江、吉林、辽宁、河北、山西、陕西北部以及内蒙古、宁夏、新疆、甘肃等省份。南界为丹东、营口、锦州、承德、雁门关、绥德、酒泉、哈密、吐鲁番、库车、喀什，与中温带气候带相吻合。该区气温低（≥10℃的活动积温为1 600～3 400℃，100～160天），无霜期短、年降水量少，栽培制度为一年一熟制，大豆以春播为主。大豆种植面积大，特别是东北三省是我国大豆主要产区，单产高，品质好。西北地区虽然大豆种植面积小，但有一定发展潜力。

（1）东北春播大豆亚区。包括黑龙江、吉林、辽宁三省和内蒙古东部的呼伦贝尔市、通辽市、赤峰市。东北大豆播种面积约占全国大豆总面积的1/4，总产量约占全国总产量的1/3。东北大豆品质好，在国际市场上享有很高的声誉。黑龙江、吉林是我国大豆出口的商品基地。

东北大豆集中分布在松花江和辽河流域的平原地带。其中，沈阳、长春、哈尔滨至嫩江沿铁路两侧的广大平原，以佳木斯、富锦为中心的松花江下游，以密山、虎林为中心的穆棱河中游3个大豆栽培地带的大豆产量占东北大豆产量的70%。此外，辽宁西部、南部和黑龙江、吉林东部山区，也是种植大豆较集中的地区。

该区在北纬40°～50°，夏至日长为15～16小时。无霜期100～170天。全年平均温度为2～8℃。其中，4月平均温度为6～8℃，7月平均温度为24℃左右，9月平均温度为14℃。秋季气候凉爽，有利于大豆脂肪的积累。年降水量500～750毫米，西部雨水较少，年降水量约400毫米，东南部吉林至长白和通化这一三角地带雨水偏多，年降水量在1 000毫米左右。土壤属黑钙土类型，腐殖质含量高达1.5%～3%，土壤肥沃，呈中性反应，pH为6～7。全区以春播大豆为主，辽宁南部试种复播大豆初步获得了成功。春播大豆多数实行单作，少部分实行玉米、大豆间作。

主要品种属于极早熟、早熟或中早熟类型。对光照敏感性差，无限结荚，茸毛灰色，粒黄色，脐淡黄色或浅褐色，粒圆形或椭圆形。东部雨水多的地区有部分有限结荚品种。该区的代表性品种有东农4号、黑河三号、丰收10号、黑农16、吉林三号、铁丰18号等。此外，还有半栽培的秣食豆。

（2）内蒙古春播大豆亚区。包括内蒙古、宁夏大部、河北、山西、陕西长城以北的地区以及甘肃中部。该区海拔在1 000米以上，无霜期为150～200天，年平均温度为6～9℃，年降水量为250～500毫米，气候寒冷干燥。土壤类型为栗钙土、黄土、河套冲积土，比较瘠薄。

此区一年一熟，实行大豆春播，以无限结荚的耐瘠薄的椭圆形和扁圆形小粒品种为主，是我国小粒黑豆分布较集中的地区。

（3）新疆春播大豆亚区。包括新疆、甘肃河西走廊。该区降水量为100～250毫米，无霜期为150～200天，年平均温度为8～10℃。全年日照充足（2 500～3 000小时），而且昼夜温差大，有利于干物质积累。该区的大豆单产高，籽粒大，褐斑粒少，是很有发展潜力的大豆新产区。该区大豆播种面积逐年增加，大豆与玉米间作面积也有很大发展。但由于年降水量少、气候干燥，大豆生产是在人工灌溉的条件下进行的。

黑龙江和吉林栽培的品种在本地区均可适应，山西早熟品种在甘肃也能适应。当地代表性品种有昌吉拉秧黄、玛纳斯黄豆。

南疆塔里木盆地气候干旱温暖，生育期长，可种植生育期较长的品种。

2. 黄淮大豆区 包括北部大豆区以南、秦岭淮河以北、东起沿海、西至岷山的广大地区。包括黄河流域的山东、河南大部、河北、山西中南部、关中平原、甘肃南部地区以及江苏和安徽北部。该区与南温带气候相近，全年≥10℃的活动积温为3 100～4 500℃，无霜期160～220天。耕作制为二年三熟或一年两熟。大豆春播夏播均有，但以夏播大豆为主。黄淮平原是我国大豆的第二个主要产区，播种面积约占全国大豆面积的36%，产量约占全国大豆产量的30%。夏播大豆生育期短，一般不及春播大豆产量高。该区又分为2个亚区。

（1）河北、山西、陕西中部春、夏播大豆亚区。包括长城以南的河北中部、山西中部和东南部、陕西中北部以及甘肃中南部和辽东半岛南部。耕作制为一年一熟或两年三熟，大豆以春播为主，并有与玉米间作的习惯。冬麦收获后，无霜期在90天以上的地方，可种夏播大豆。

该区无霜期180～220天，年降水量400～700毫米，年平均温度9～12℃，土壤为石灰性冲积土。大豆多种在瘠薄土地上，管理粗放，单产不高，该区在实行玉米、大豆间作和扩种夏播大豆方面有一定潜力。品种类型以无限结荚习性的椭圆形黄豆为主。百粒重15～20克，褐脐居多。代表性品种有通州小黄豆、晋豆一号、一窝蜂等。

（2）黄淮平原春、夏播大豆亚区。包括山东、河北南部、江苏、安徽北部、河南东南部。其中，山东西南部的菏泽、济宁、郓城，江苏北部的徐州、淮阴，安徽北部的宿县、阜阳，河南东部的商丘、周口4个地区，是大豆的集中分布区。该区无霜期220～250天，年降水量500～750毫米，年平均温度14～16℃。大部地区为冲积平原或河谷盆地，地势平坦，海拔仅100米左右。主要为石灰性冲积土，质地为沙壤。

耕作制为两年三熟或一年二熟。夏播大豆在6月中下旬麦收后播种，9月下旬至10月初收获，生育期90～120天。夏大豆生长的有利条件是温度高、降水量充足，不利因素是花期短，播种时往往遇到干旱。品种类型大多数为有限结荚习性的黄豆，粒椭圆形，脐褐色。北部和下湿盐碱地有部分无限结荚习性的黑豆。代表性品种有齐黄一号、文丰七号、丰收黄、徐州302、小油豆、蒙城一号、四角齐、紫花糙等。

这一地区的河南西部、山西中部、陕西关中，气候条件与黄淮平原基本相似，只是年降水量较少（约500毫米）、地势稍高（山区丘陵海拔在500米以上）、无霜期稍短（220天左右）。土类为褐土或棕壤土。品种多数属无限结荚习性的小粒椭圆形类型，还有部分小粒黑豆。代表性品种有晋豆一号、一窝蜂等。

3. 南方大豆区 包括秦岭、淮河以南的广大地区，无霜期250天以上，年降水量1 000～1 700毫米，个别地区达2 000毫米。年平均气温在16～20℃，本地区是我国水稻的主产区，耕作栽培制度复杂，复种指数高，大豆多在旱田种植或作为轮作中的搭配作物。种植面积约占全国大豆种植总面积的30%，产量占全国大豆总产量的25%左右。该区大豆类型多，种植分散，比较集中的产区有长江三角洲、江汉平原以及湖南、江西南部、福建北部等地。该栽培区可分为5个亚区。

（1）长江中下游春、夏播大豆亚区。包括淮河流域南部、江苏南部、浙江北部、湖北的长江汉水三角洲和湖南北部、陕西南部汉中地区。大体上自舟山群岛起，向西经南昌、衡山、怀化，北折至宜昌，然后向西北循大巴山至嘉陵江上游。该区海拔50～200米，无霜期250～270天，年降水量1 000～1 400毫米，年平均温度16～18℃，全年≥10℃活动积温为4 250～5 300℃，无霜期220～240天。

本地区盛产水稻，兼有中早熟冬小麦和杂粮，水源充足的地方主要是麦、稻、稻双三熟制和稻、麦两熟制。大豆以夏播为主，在冬小麦或油菜收获后播种，也有部分春播大豆和少部分秋播大豆。春播大豆单种或与冬小麦套种，秋播大豆在早稻收获后或夏玉米收获后播种。

大豆品种以有限结荚习性、粒形椭圆形、百粒重15克上下的中粒类型居多，脐一般褐色。代表性品种有泰兴黑豆、盆路口一号、苏丰、南农493-1、猴子毛、鸡母蹲、鄂豆一号等。

（2）湖北、江西、浙江南部、福建北部春、夏、秋播大豆亚区。包括浙江、福建北部、湖南和江西大部、广西北部，南界为南岭。全年≥10℃活动积温为5 000～6 500℃，无霜期240～300天。该区属于中亚热带气候带东段，无霜期300～350天，年平均温度18～20℃，年降水量1 500～1 800毫米。本地区复种指数很高，一年三熟。在水源不足的地方，早稻或早中稻收获后，可种一季秋大豆，之后再种冬小麦、油菜等。本区各地春、夏、秋播大豆互相搭配种植。

该区大豆品种植株矮小（50～60厘米）、籽粒小（百粒重在15克以下），属有限结荚习性，结荚密集，粒黄色、绿色、褐色均有。代表性品种有清明早、五月拔、六月曝、牛毛红、平江八月黄、将乐大青豆、南湾豆、十月拔、秋豆一号、乌壳黄、白泥豆、古田豆。

（3）四川春、夏、秋播大豆亚区。包括四川和湖北东部地区，属于中亚热带气候带西北段。该区海拔300～500米，无霜期300天左右，年平均温度17℃上下，年降水量800～1 300毫米。

全区春、夏、秋播大豆均有，四川东部春大豆较多。品种多为无限结荚习性，粒椭圆形，籽粒中等偏小。代表性品种有田坎豆、穿心绿、牛毛黄、泥豆等。

（4）云贵高原春、夏、秋播大豆亚区。包括贵州、云南北部、广西西北部，属于中亚热带气候带西南段，无霜期 275～350 天，年平均温度 14～18℃，少数地区 20℃左右。由于月最高平均气温偏低，不足 22℃，影响一年多熟制的发展。该区海拔高，大部分地区为 1 000 米以上的高原，年降水量 750～1 500 毫米。

该区的大豆以春播为主，兼有部分夏播和秋播大豆，大豆零星分散种植。品种以中熟或中晚熟黄豆为主，粒中等大小，脐褐色居多。代表性品种有清镇大颗绿豆、玉林早黄豆、宜山六月黄、猫儿灰、大白毛、十月青、白冬豆等。

（5）华南南部四季大豆亚区。该区北界南岭、南至海南等，包括福建南部、广东、广西、云南南部和台湾。全年≥10℃的活动积温为 6 000～8 000℃，无霜期 300～365 天，几乎全年无霜。年平均温度 22～24℃，1 月温度在 14～16℃。年降水量 1 500～2 000 毫米。该区大部分地区属于南亚热带气候带，少部分属于北热带气候带，如雷州半岛、海南岛等地。耕作制为一年三熟，双季稻或三季稻连作，四季可播种大豆，是我国唯一可冬播大豆的地区。冬播大豆 1 月上旬播种，5 月初收获，全生育期 115 天。2 月下旬春播大豆播种。夏播大豆在 6 月下旬播种，9 月下旬收获，生育期 90 天。秋播大豆于早稻收获后的 8 月上旬播种，冬作物播前（11 月中下旬）收获。

品种类型以黄豆为主，有限结荚习性，植株矮小，结荚密集，粒椭圆形，百粒重 13～15 克，迟熟性强。代表性品种有黄毛豆、六月黄、黑鼻青、八月黄、两季糙、矮仔仆、番禺钟村白毛等。

第二章 大豆的起源、传播及进化

第一节 大豆的起源和传播

一、大豆在中国的起源与发展

栽培大豆，学名 *Glycine max*（L.）Merr.，为蔷薇目豆科蝶形花亚科大豆属的一年生草本植物，大豆在我国已有 5 000 年的种植历史。由于我国南北各地广泛滋生着野生大豆，因而大豆在我国的栽培利用年限也最久。世界上一致公认，大豆原产于我国。我国不仅种植大豆的历史悠久，而且是栽培大豆的起源地，这从多方面可以考证。

第一，从大豆的基本染色体数目、染色体大小、生态地理分布、杂交后代的分离状况以及种子蛋白电泳带谱等方面看，有理由认为，栽培大豆是由我国的野生大豆［*G. Soja*（L.）Sieb et Zucc］进化而来。而且，野生大豆至今仍遍及我国各地，并有不同进化程度的各种类型。

第二，我国是世界上最早有大豆文字记载的国家。据于省吾先生考证，商代就有菽豆甲骨文的初文，周代称大豆为菽，秦代以后才改称为豆子。汉初司马迁的《史记》中有黄帝种五谷（黍、稷、稻、麦、菽）的记载，菽即今日之大豆。2 000 多年前的一部古书籍《禹贡》中就提到“豫州，宜五谷”，豫州就是现在的河南。我国最早的一部诗书《诗经·小雅·小宛》中也写道：“中原有菽，庶民采之。”战国时期，菽、粟并称，居五谷、九谷之首。豆叶供蔬食时，被称为“藿羹”。汉代的古农书《氾胜之书》中也提到“大豆保岁易为，宜古之所以备凶年也，谨计家口数种大豆，率人五亩”。这些描述说明，大豆在当时已被广大人民作为粮食作物。

第三，我国有当今世界上最古老的大豆出土文物。1953 年，河南洛阳烧沟汉墓中出土的陶仓，距今已 2 000 多年，上面就写有“大豆万石”的字样，在出土的壶上写着“国豆一钟”4 个字。1975 年，在湖北江陵凤凰山发掘的距今 2 100 多年的汉墓中，有大豆组织粉末。

第四，据考证，世界其他国家的栽培大豆，几乎都是直接或间接地从我国引过去的。据资料记载，早在 2 000 年前左右，朝鲜和日本先从我国引种大豆，在《古事记》(712)、《日本书记》(720) 上已有关于大豆的明确记载。大约在 300 年前，印度尼西亚开始栽培中国大豆。16～17 世纪，俄罗斯在乌苏里边区开始种大豆。18 世纪，大豆从我国和日本经海路引入欧洲，如 1739 年引入法国、1786 年引入德国、1790 年引入英国。在美国，最早是 1804 年在文献上有大豆的报道。1873 年，我国大豆在维也纳万国博览会上首次展出后，就进一步震惊世界、闻名于世，并更加迅速地传到世界各地。

此外，一些外国大豆名字的发音也与我国大豆的古名“菽”音相似。大豆的拉丁文是 *Soja*，法文是 Soia，美国叫 Soy，苏联叫 соя，日本则直接取名于汉语的“大豆”。这些均可作为外国人从我国引种大豆的旁证。

由上可见，大豆起源于我国是毫无疑义的，并已被世界所公认。至于大豆起源于我国的何处，意见颇有出入。

从古书文献记载和发掘的出土文物看，黄河流域是栽培大豆很早的地区之一。距今约 6 000 年的仰韶文化，就是在河南省三门峡市渑池县仰韶村发现而得名的。那时居住在黄河流域中上游一带的氏族部落，已经知道使用石锄、石铲、石刀等工具种植粮食作物了。这一地区不仅有关于栽培大豆的文字记载，而且有最古的出土文物。又有人根据古书、文物记载及黄河流域有野生大豆和近野生类型等情况，提出了大豆起源于黄河流域的看法。例如，《诗经》中《豳风·七月》《鲁颂·閟宫》等篇，有关于大豆的记述，而豳是戎狄的地名，在现在的陕西境内，鲁指现在的山东。《周礼·夏官司马》中说，豫州和并州，“其谷宜五种”。这里所说的豫州即河南，并州指山西北部一带。可见，大豆起源于黄河流域之说也有一定的道理。

但是，把黄河流域作为大豆的唯一起源地，证据还不够充分。因为考古工作的最新成就证实，我国古老文化发源地不仅在黄河流域，而且遍于南北各地。例如，在浙江发现的河姆渡文化，距今有 6 000～7 000 年；在内蒙古发现的林西文化，距今也有 6 000 年，在内蒙古西部门德勒索木还发现新石器时代的遗存物；在西藏申扎、双湖，昌都的卡荒，也发现一些古老文化的发源地，等等。这就说明，我国南北各地的人们均有把该地生长的野生大豆驯化为栽培大豆的可能性。同时，古书中有“齐侯北伐，山戎出冬葱及戎菽布之天下”的记载，认为东北是大豆的原产地。据古书《山海经》记载，距今 2 000 年前，华南即有豆菽，而且冬、夏均可播种。公元前 1 世纪《僮约》中记载，当时四川已有种豆习惯。这就进而为栽培大豆起源于不同地区提供了依据。

国外学者对大豆起源地的看法也不一样。Fakuda（1933）、日本学者福田（1935）认为，大豆起源于中国东部；Cfeandalle（1886）、苏联学者因肯认为，大豆起源于中国南部；Vavieov（1951）认为，大豆起源于中国中部和西部；美国学者 Hymowitz（1970）认为，中国华北东部为大豆的起源地，东北为第二基因中心。但在美国 1976 年出版的《栽培植物演化》一书里，Hymowitz 在其所写的大豆一章中又提到，中国大豆首先由东北的野生大豆驯化而来，然后向中部和南方迁移。

王金陵等（1973）在分析了我国南至湖南衡阳、北至黑龙江北部的野生大豆光周期的特性后认为，我国长江流域及其以南地区有大量的野生大豆、近野生的小粒大豆和类型复杂的栽培大豆，而大豆的短日照特性正反映了南方低纬度地区日照较短的特点，因而主张大豆首先起源于我国长江流域或以南的一些地区，由短光照较弱的早熟性变异，向北方迁移适应，直到东北地区北部。但是，由于黄河流域一带不但有野生大豆及半野生大豆，大豆的品种类型和变异多，而且农业历史又极为悠久，因此北方地区的大豆，也可能是从当地野生大豆经定向选择而来的。这样，大豆在我国的起源地便是多中心的了。

王绶认为，野生大豆的短日性强弱，是长期适应一定地理纬度条件的结果。在南方低纬度地区，野生大豆开花前，处于春、夏日照较短和温度较高的条件下，形成了对短日照反应敏感度较强、对温度要求高和迟熟性强的特性；在北方高纬度地区，野生大豆开花前，处于日照较长和温度较低的条件下，形成了对短日照反应敏感度较弱、对温度要求低和迟熟性弱的特性。

各地的野生大豆对光照反应的强弱，对温度要求的高低以及熟期性的迟早，是与其生长发育过程中所处的光照、温度条件相一致的。也就是说，野生大豆短日性强弱是不同地区环境条件长期作用的结果，是不同地理纬度的野生大豆固有的遗传特性。因此，野生大豆短日性的程度不能作为衡量野生大豆原始程度的标准。不能认为短日性强，原始程度就高，或者短日性弱，原始程度就高；否则，必然会肯定南方野生大豆的原始性而否定北方野生大豆的原始性，或者肯定北方野生大豆的原始性而否定南方野生大豆的原始性，最后也就否定了原始野生大豆存在的广泛性。

野生大豆短日性强弱的地区性及其分布的广泛性，恰好证明栽培大豆是起源于几个地区。野生大豆短日性强弱的差异，是各地区野生大豆花芽分化前光照长短、温度高低的具体反映。高纬度地区的野生大豆，在花芽分化前，日照较长，温度较低，因而形成短日性弱的特性。所以，栽培大豆也可能起源于高纬北部地区的看法就能理解了。

目前，我国已发现野生大豆的省份有黑龙江、吉林、辽宁、北京、河北、山东、山西、陕西、宁夏、安徽、湖北、湖南、江苏、四川等地。虽然这些野生大豆分布的地区不同，但它们在形态上、遗传上与栽培大豆有许多相似之处。首先，栽培大豆与野生大豆的染色体均为 20 对，互相杂交易于成功，并能获得正常的杂种后代。其次，它们对环境条件的要求基本相同。所以，严格地讲，栽培大豆与野生大豆实质上同属一个种，它们之间在遗传性状上虽然有差别，但是没有种间隔离性。

我国是世界上最早食用鲜食大豆的国家，种植历史已有 2 000 多年（张秋英，2015）。在我国古代，大豆籽粒是主要的粮食，叶作为蔬菜用，大豆的籽粒、茎、叶、荚也用作动物饲料，在东汉年间已有大豆医用的记载。与此同时，我国古代人民有丰富的大豆食品加工技艺，大豆逐渐由主食扩展到副食，这使得日后大豆青荚采收和大豆鲜食变得很自然。通过史料考证，直到宋代（12 世纪）开始有采摘青豆荚作为菜用鲜食，并在村店出售的记载。“毛豆”一词最早出现在明代文献（17 世纪），当时人们不仅食用青豆荚或青豆，而且食用熏青豆。

二、大豆在世界各地的传播

永田忠男（1959）认为，我国大豆在秦代，自华北引至朝鲜，而后自朝鲜又引至日本。日本南部的大豆，可能直接由商船自华东一带引去。华北或华中地区的大豆，还向南引至印度尼西亚、印度以及越南一带。

大豆引至美洲、欧洲，以及西伯利亚地区，是近代的事。1712 年，德国植物学家首次将大豆自日本引入欧洲。1740 年，法国传教士曾将中国大豆引至巴黎试种。1790 年，在英国皇家植物园首次试种大豆。1873 年，哈布兰德特（Harberlandt）在维也纳万国博览会上，得到19个中国和日本的大豆品种，并精心安排试种，其中4个品种结粒。

1804年就有人从兴趣出发，开始在美国种植大豆。在此之后，美国不断有人自日本和中国引入大豆品种，小量试种。直到1882年，才有人在生产上种植，当时主要是作为饲草作物。1910年，美国已掌握了280个中国大豆品种。到1931年，从东亚已搜集到4 578个大豆品种。1915年，美国首次用本国产的大豆榨油。1929年，美国已有400多万亩粒用大豆。到1941年，第二次世界大战爆发后，美国由于国内食用油缺乏，开始大规模种植大豆，到1944年种植面积已达6 000多万亩。以后逐年发展，1972年达到4.28亿亩，产额1 234亿斤*。

从大豆的演化倾向来看，大豆是由短日性强的晚熟类型，逐渐向早熟方向变化的。因此，一些光照较长、气温较低的高纬度地区的大豆生产，只是由于近期出现了早熟以至极早熟品种后才开始的。欧洲中北部、西伯利亚地区以及加拿大均是如此。巴西作为新兴的大豆产区，他们的引入种植，则是第二次世界大战之后的事了。

第二节　大豆的进化

一、大豆进化的方式

野生大豆的形态特征是在与自然界斗争中，适应自然环境引起变异，并经自然选择而形成的。栽培大豆的形态特征是在人工栽培的条件下，适应栽培环境引起变异，并按人的需要进行人工选择而形成的。野生大豆演变为高度进化的栽培类型是一个漫长的过程。这是在相当长的时间内由量变的逐渐积累完成的。因而在栽培大豆与野生大豆间形成了一系列的过渡性状和类型。

---

* 斤为非法定计量单位。1斤=500克。

野生大豆最主要的性状是籽小、叶小、种粒长扁圆形或长圆形，种皮黑色或褐色，旁枝极为发达，茎细长，蔓生攀缘，荚易炸裂，抗逆性强，种子蛋白质含量高，油分含量低，具有较强的短日性和晚熟性。这些性状是在自然环境下形成的，对野生大豆的生长发育、传种接代极为有利。籽粒小，每粒种子需要的干物质就少。因此，与大粒种相比，相同的干物质形成的种子较多，在不良环境条件下保存下来的机会也较多。茎细长和蔓生攀缘，在与其他高秆野生植物混生的情况下能够向上生长，充分利用光能。抗逆性强，增加了对自然灾害的抗御能力。边成熟边炸裂，有利于种子的传播。

人们栽培大豆是以获得高产和优良品质为目的的。野生大豆原来的某些对自然斗争有利的形态和特征，并不一定对人类有利。因此，在人工栽培环境下，野生大豆的形态和特性就通过变异和选择逐渐向人类需要的方向发展。例如，大豆粒小，有利于繁殖，不利于丰产；长扁圆粒形和黑色种皮，有利于抗逆，但不美观。于是，人们便通过选择，使籽粒朝着大圆和黄色的方向发展。但是，从籽粒的每个性状与抗逆能力的关系看，籽粒大小与粒形相比，籽粒大小与抗逆能力的关系更大些；粒形与粒色相比，粒形与抗逆能力的关系更大些。所以，整个籽粒性状的演化是沿着小粒、扁粒、黑豆，小粒、扁粒、黄豆，小粒、圆粒、黄豆，大粒、扁粒、黑豆，大粒、圆粒、黑豆和大粒、圆粒、黄豆的方向发展的。再如，野生大豆的茎细长而蔓生，这一性状在自然环境下对生长发育有利，但在栽培条件下，就会因倒伏和叶片互相遮阳而妨碍群体生长和光合作用，最后导致干物质积累减少，产量降低。因此，在栽培过程中，人们就用选择的方法，使其向茎粗而短、直立性强的方向发展。又如，野生大豆对恶劣的环境条件有较强的适应能力，但不适应肥水充足的栽培条件。也就是说，野生大豆的适应性和抗逆性强，但丰产性差。因此，人们就通过选择，使其向适应性强、丰产性也强的方向演变。

总之，栽培大豆的各种性状，都是野生大豆在栽培环境中，经过不断变异和人工选择而来的。目前，我国各地不仅有籽粒小、粒形长扁、种皮黑色、茎细长蔓生的野生大豆，而且有籽粒较小、粒形扁椭圆形、种皮黑色或黄色、茎细而蔓生的近野生类型，还有粒大、粒圆、种皮黄色、茎粗短而直立的栽培类型。例如，长江流域的泥豆、黄河流域的小黑豆、东北地区的秣食豆，即是进化程度较低的近野生栽培大豆；长江流域的五月拔、清明早、六月暴，黄河流域的天鹅蛋、大黄豆，东北地区的满仓金、大白眉等，即是高度进化的栽培大豆。

二、大豆进化的生物学依据

栽培大豆，是由野生大豆经逐渐定向选择积累细小变异而进化形成的，这种论点是有充分的生物学依据的。

第一，大豆品种资源的广泛搜集结果说明自野生大豆或近野生大豆类型至高度进化的类型之间，存在着很多具有不同进化程度的过渡类型。这种一系列不同进化程度类型的存在，是在定向选择的过程中，在不同程度上积累细小变异的结果，以及类型之间相互杂交，并于后代分离的结果。

第二，栽培大豆与野生大豆的染色体数目均为 20 对，在形态上也看不出差别。以野生大豆与栽培大豆杂交，受孕率和杂种第一代的结实率均正常。杂种第一代染色体数目也是 20 对。杂种一代在花粉母细胞阶段的细胞减数分裂机制也很正常，所形成的花粉富有生命力。这都说明野生大豆与栽培大豆之间，在亲缘上没有决然隔断的差别，而是由于细小变异在量的方面积累所造成的差别。

第三，以野生大豆与栽培大豆杂交，杂交后的各种性状的遗传方式和遗传变异规律，与栽培大豆品种间相互杂交的情形一样。用野生大豆与进化程度较高的栽培大豆杂交，在后代中，种粒大小、荚大小、茎秆粗细、缠绕性、倒伏性、株高，以及蛋白质与油分含量等性状方面，呈现数量性状遗传方式，使后代出现一系列的中间类型。这说明栽培大豆与野生大豆在遗传上的差别，是数量性状基因在积累程度上的差别，栽培大豆是由野生大豆通过定向选择逐渐积累这些数量性状基因进化而来。

第四，大豆种粒大小等数量性状的变异，主要是由基因突变而产生的细小变异。这种情况，一方面，可以从田间发生的自然变异现象观察到。例如，出现较早熟的植株易倒伏，纯品种中出现不易倒伏的植株等。另一方面，大量的大豆辐射育种材料说明，辐射材料在数量性状方面的变异，大都是较不明显的细小变异。对于这些自然界产生的或在辐射影响下产生的细小变异，如果加以定向选择积累，便可以按选择方向形成新类型新品种。这种变异的性质与定向选择积累变异的效应，可以简要说明栽培大豆自野生大豆进化而来的机制。

第三章

鲜食大豆的生长特性

第一节　生物学特性

一、大豆的生育期和生育阶段

1. 不同季节生态型大豆的生育期　大豆从播种到鲜豆荚上市的整个生育期，品种间差异很大。短的只有55～65天，最长的可达150天以上。浙江种植的大豆有春大豆、夏大豆和秋大豆3种类型，它们的全生育期以夏大豆较长，为105～135天；春大豆和秋大豆全生育期均较短，为85～105天，其中秋大豆又比春大豆短些。春大豆、夏大豆和秋大豆是不同的季节生态型，它们长期在不同季节里生长发育，就形成了与不同季节气候条件相适应的、具有不同特性的品种类型。春大豆一般称为早豆、白豆等，如台湾75、春丰早、沪宁95-1、浙农6号等，一般于2月底至4月初（因纬度不同而异）直播或育苗移栽，5月底至6月收获上市。生育期间气温逐渐升高，日照逐渐增长，因此，前期生长发育较慢，从播种到开花的天数比从开花到成熟的天数要长。夏大豆一般于6月中下旬播种，9月底至10月初收获，如浙江地方品种六月半、江苏地方品种小寒王、福建地方品种毛豆3号。夏大豆生育期间气温高，开花以后逐渐转凉，日照日益缩短。因此，夏大豆的生长发育比较快，开花以前的阶段短于开花以后的阶段。秋大豆一般称为晚豆、秋豆，如衢鲜1号、浙秋豆系列等，一般于7月上中旬至7月下旬播种，10月初至10月底收获，生育期间气温逐渐降低，日照更短。因此，秋大豆发育很快，从播种到开花的阶段很短，而从开花到成熟的时间很长，一般从播种到开花的天数只占整个生育期的2/5左右。不同季节生态型的大豆，由于生育期不同和开花前后天数的差异，影响到营养体生长量的大小和灌浆时间的长短，从而也使一系列经济性状发生变化。春大豆前期生长慢，营养生长时间长，因而茎较粗壮，单株结荚数多，每荚胚珠数也较多，但开花以后荚实形成期处在高温季节，经历时间短，所以种子的百粒重不大，以中粒荚类型为多。夏大豆生长季节长，出苗后正遇上梅雨季节，气温高，雨水多，苗期生长快，植株高大，但花芽分化期和开花结荚期一般处在伏旱或秋旱时期，落花落荚多，因此荚数并不多，每荚粒数也较少。夏大豆种子形成期天气转凉，灌浆时间长，因此夏大豆以大粒荚类型的居多。秋大豆株型高大松散，前期气温高，生长快，营养生长期长，单株结荚数和每荚粒数多，但因种子形成期拉长，籽粒都偏大。鉴于春大豆、夏大豆和秋大豆生育期的差异以及由此引起的植株性状的差异，在栽培上考虑种植密度时，春大豆应比秋大豆密，秋大豆又比夏大豆密。

2. 大豆引种与生育期的关系　一般所说的大豆生育期，只有在一定的地区、一定的播种期下才有意义。因为大豆是对环境反应敏感的作物，特别是受日照长度的影响更显著。大豆是短日照作物，在缩短日照时，可明显促进发育，缩短生育期；而在延长日照的情况下，则阻碍发育，延长生育期，有的甚至不能开花结荚。南北不同地区，日照长度不一样，生长季节北方日照比南方长，纬度越高，夏季的日照越长。因此，大豆如远距离南种北引，由于日照比其原适应地区延长，大豆的生殖生长就受到抑制，开花延迟，生育期拉长。据报道，大豆从其适应地区向北推延纬度4°，就有在霜前不能成熟的危险。相反，远距离的北种南引，由于日照缩短，就会加速发育，缩短生育时期，使产量明显降低。

不同地区的大豆品种，对短日照反应的敏感程度不一样，在南北间引种时，生育期变化的程度有明显差异。一般原产北方的品种，长期在北方夏季长日照条件下生育，形成了对长日照的适应性，因而对日照的反应比较迟钝，在长日照下，有些品种甚至在连续光照下也能正常发育。但如果北方的品种置于短日照条件下，仍可加速发育，使生育期缩短，反映了大豆作为短日照作物的特性。原产南方的品种，由于长期在南方短日照条件下生育，保持了它对短日照的敏感性，一定要满足其短日照要求才能正常发育。所以，南方的品种可相互引种的纬度跨度就要小得多。

同一地区不同季节生态型的品种，对日照反应也有差异。春大豆是在不断延长日照的条件下进行生育，因此对日照的反应就比较迟钝，在长日照条件下可正常发育或稍有延迟。相反，秋大豆是在不断缩短日照的条件下进行生育，因而保持了对短日照的敏感性，如往北引种，在长日照影响下，发育受阻的程度比春大豆要大得多。

大豆引种所引起的生育期变化，主要表现在从出苗到开花这一时期的变化。例如，1956 年浙江省农业科学院曾将杭州不同熟期的 6 个品种，送至广西桂林种植（于 5 月 20 日同一天播种），从出苗到开花的平均天数为 34.3 天，送至山西太原种植为 72.8 天，而在杭州本地为 45.8 天。

大豆生育期长短还受温度影响，温度高，则发育快，生育期缩短；温度低，则延缓生育，生育期延长。例如，在上述 1956 年的试验中，将杭州 6 个品种送至云南昆明种植，从出苗到开花的平均天数为 55.2 天，比同纬度的桂林长 21 天，甚至比杭州原产地还延长近 10 天，虽然昆明比杭州的纬度低了近 5°，但由于昆明海拔高、气候凉爽，显著阻碍了大豆的发育。

根据上述对大豆光温反应特性与引种关系的分析，在实际应用中就要掌握：①大豆品种的引种，纬度跨度不可过大，而以同纬度或相近纬度间引种，比较容易成功。②北方春大豆品种往南方引种，其纬度跨度可以大些，但必须用作春大豆，并力争早播，使其处于日照不断延长的情况下进行生育，才能保证一定营养生长量和获得较高的产量。北方的夏大豆往南方引种，生育期显著缩短，要提高密度，有些则可移作秋大豆用。③南方的早熟品种（春大豆）往北方引种的纬度跨度可以比迟熟品种大些，并且越是早熟的品种，成功的可能性越大些。④引种还要考虑海拔，高海拔地区的品种向同纬度低海拔地区引种，生育期缩短，反之则延长。这在决定播种期和密度方面都要加以考虑。

3. 播种期与生育期的关系　大豆生育期长短受播种期影响也很大，一般是早播使生育期延长，迟播则使生育期缩短。秋大豆感光性强，只有在秋播的短日照条件下，才能正常发育。如果将秋大豆进行春播，那么在春、夏不断延长日照条件下，就不可能正常发育，早播不能早开花，或者虽然能提早开花，但是都不能正常结荚，结果生育期拉得很长，植株很高大，而产量不高。这与其远距离向北种植的情况很相近。2021 年，慈溪市农业技术推广中心曾将正常于 7 月中旬播种的秋大豆品种本地茶青豆提前至 4 月 5 日播种，结果出现了植株比正常秋播高 20 厘米以上、不开花的现象。还有一种情况，如果将春大豆进行秋播，那么在前期高温和逐渐缩短日照的作用下，大豆很快完成发育，营养生长期很短，全生育期比春播少 1 个月左右，植株矮小，产量很低。因此，除春大豆留种需进行秋播外，一般春大豆、夏大豆和秋大豆各有自己所适宜的播种期，不能随便混错而导致产量损失。往外地引种时，也要搞清楚大豆的季节生态型，才能正确地决定播种期。

（二）大豆的生育阶段

大豆的一生要经历种子的萌发、出苗、幼苗生长、分枝、花芽分化、开花、结荚、鼓粒、成熟等一系列生长发育过程。根据器官发生的特点和对外界环境条件反应的变化，可分为发芽和出苗期、幼苗生长期、花芽分化期、开花期、结荚鼓粒期和成熟期等阶段。前 3 个时期是以发根、长叶、发生分枝为主的营养生长期，第四个时期是营养生长和生殖生长并进的时期，后 2 个时期是以荚果形成为主的生殖生长期。鲜食大豆由于在豆荚鼓满时采收，因而在未达到生理成熟时就完成生育周期。

1. 种子发芽和出苗期　大豆为双子叶植物，种子无胚乳，有 2 片肥大的子叶，发芽时子叶出土。大豆种子在适宜的条件下萌发，首先，胚根穿过珠孔、突破种皮而扎入土中，以后形成主根；其次，下胚轴迅速伸长，其弯曲部分逐渐上升，把胚芽连同子叶一起顶出土面，以后长成主茎和枝叶。子叶出土、种皮脱落时，即为出苗。子叶出土后，变成绿色。出苗所需时间根据播种期和气温高低而不同，一般为 4～15 天。播种早，气温低，则时间长；反之，则时间短。浙江春大豆于 3 月下旬播种，从播种到出苗需 7～15 天，而 7 月上中旬至 7 月下旬播种的秋大豆，只要水分适宜，4～5 天即可出苗。子叶被顶出土面的能力，品种间有差异，有的品种下胚轴短，顶土能力较差，如播种时覆土过深就不易出苗。一般栽培大豆的出土能力，以小粒品种较好，大粒品种的出苗性较差。出苗时，一般子叶离开种皮而使种皮留在土内，但如果种子活力不强或发芽条件不适，则出土的子叶仍黏附有种皮，使子叶不能及时展开或展开不畅，影响幼苗生长，严重者还可能引起幼苗发病死亡。

种子在适宜的温度、水分和空气条件下，才能发芽。通常 18～20℃时，种子发芽快而整齐，播后 6 天即达齐苗。大田条件下、温度需稳定在 10℃以上才可播种。种子富含蛋白质和油分，发芽时需吸收足够的水分。一般要求土壤田间持水量为 70%～80%，需吸收种子本身重量 1.2～1.5 倍的水分才可发芽；适宜的空气有利于种子的呼吸，促进种子内养分的转化。因此，播种时要求整地质量高，土壤平坦疏松，同时播种不宜过深，以利于大豆的顶土出苗。

2. 幼苗生长期　幼苗生长期主要表现为发根、出叶及主茎的生长。叶片分为子叶、单叶和复叶。出苗后，子叶展开变绿并进行光合作用，这对促进幼苗生育有重要的作用。随着幼茎的生长，单叶展开，此时苗高3～6厘米，称为单叶期。随后，茎顶端分化出复叶，在苗期，复叶的出叶间隔为5～6天。

大豆为主根系，出苗后，胚根伸长为主根，发芽后5～7天在其周围形成4排侧根，向水平方向扩展和向下延伸。主根长度相差不大，但侧根数有随着播种深度加深而减少的趋势。大豆播种深度一般以4厘米产量最高，多雨年份播种深度以3厘米为好，干旱年份则以5厘米为好。

在培土或土壤水分充足时，大豆胚轴和茎基部均可发生不定根。这些不定根是由近形成层的射线薄壁细胞在恢复分裂能力后分化形成的。若进行人工断根处理，断根的最佳部位在胚轴与主根交界处。大豆大部分的根集中于地表至20厘米表土耕层之内。从横向分布看，根重的78%～83%集中在离植株0～5厘米的土体内。

根瘤在出苗后5～6天开始形成。根瘤菌由侵染丝通过根毛进入内皮层细胞，内皮层细胞因受根瘤苗分泌物的刺激在根上形成根瘤。固氮在出苗后2～3周开始，以后固氮能力逐渐增强。

幼苗出土至花芽分化需20～25天，约占整个生育期的1/5。在苗期，大豆的生长较为缓慢，其中地上部分又比地下部分生长缓慢，春大豆在幼苗生长期气温低，生长速度比夏、秋大豆缓慢。种子萌发后，第二个三出复叶发生需3～3.5天，以后的各个复叶发生需2～3天，每隔3～4天出现1片复叶。

最适合幼苗生长的日平均温度为20℃以上，但此期幼苗能耐低温和干旱。此时幼苗叶面积较小，耗水量低，所以较能忍受干旱。据测定，在0.5～5.0℃情况下，如果时间短，大部分幼苗不会出现受害症状。苗期土壤适当少水可促使其根系深扎，发根良好。幼苗生长期叶面积小，叶面积指数仅为0.2左右，但根系吸收氮、磷的速度较快，虽然形成根瘤，但是固氮能力不强。

因此，苗期还需补充一定的氮素营养。苗期因地上部生长缓慢，很易为杂草荫蔽，故有“豆怕苗里荒”的说法，在生产上要注意苗期勤中耕。

大豆属短日照植物，光周期影响大豆的发育。一般认为，出苗后1周，对光照条件有反应。出苗后约16天，在一定的短日照条件下处理10天，即能通过光照阶段。另外，光周期效应不仅制约开花，也影响开花以后的发育时期，如结荚期、成熟期。

3. 花芽分化期 一般自出苗后20～30天，即开始花芽分化，从花芽分化至始花为花芽分化期。此期是分枝发生和生长的主要时期，其特点是花芽相继分化，分枝不断发生，营养生长速度日渐加快，是大豆生长发育的旺盛时期。

当植株完成一定的营养生长以后，茎尖的分生组织开始发生花或花原基。从花原基出现到花开放一般为25～30天。大豆花芽分化的早晚，因品种和环境条件而异。大豆的花芽分化过程及其历经的天数可划分如下。

（1）花芽分化期：开花前20～30天。

（2）雌蕊心皮分化期：开花前15～20天。

（3）胚珠及花药原始体分化期：开花前10天。

（4）雄性生殖细胞分裂期：开花前5～7天。

（5）雌性生殖细胞分裂期：开花前4天。

大豆植株形成的花虽然很多，但是花和蕾的脱落率很高，一般达30%～50%，多的高达70%。花芽分化期间，分枝也在生长，与分枝的发生与出叶有一定的关系。通常出叶节位与分枝节位相差4个节。然而，子叶和单叶上的分枝常常延迟或不萌发。复叶以上的茎节，随着主茎的发育，依次由下而上陆续发生分枝，当植株的花芽分化结束时，分枝的发生随之停止。

植株茎上的节是由茎尖分生组织细胞不断分生而产生，主茎节数与生育期有关。不同品种和不同栽培条件下的主茎节数差异很大，少的6～7个节，多的30余个节。分枝是由主茎节上的腋芽发育而成的，子叶、单叶或复叶的叶腋都可能产生分枝。一般植株下部各节上的腋芽常发育成分枝。分枝的多少和长短受遗传性的制约，同时与环境因素的差异有关。空间大、肥力高，形成分枝多；空间小、肥力低，形成分枝少。

花芽的分化受日照长短的影响，短日照促进花芽的分化，长日照延缓花芽的分化。花芽分化还受温度的影响，在15～25℃的温度下，有利于花芽形成，超过25℃则延缓分化。花芽分化期要求的最低温度是11℃，低于这个温度，大豆的花芽分化即受阻，始花期延迟。在各生育期中，该阶段对低温最敏感，是大豆生育过程中易受低温冷害的关键时期。

花芽分化与否或迟早，因品种的原产地地理纬度、品种的生育期类型及播种期的不同而有较大的差异。花芽分化期是大豆生长发育的旺盛时期，植株生长量较大。这一时期与幼苗生长期相比，矿质养分日平均积累速度增加4倍，叶片数增加1.5倍，叶面积增加约4倍，植株达总株高的一半，茎粗增长70%，根系仍以较快的速度继续扩大，所以是营养生长比较旺盛的时期。另外，严格地说，从花芽开始分化已可以算作进入生殖生长期，所以花芽分化期实质上是营养生长与生殖生长并进时期。此期植株营养物质的输送，地上部分主要集中于主茎生长点和腋芽。若养分不足，首先影响的是腋芽。因此，此时期需要良好的环境条件，满足植株旺盛生长和花芽不断分化的需要，达到株壮、枝多、花芽多的目的。

4. 开花期　花芽分化完成后开始膨大，但花仍紧闭，包住花冠；接着花萼略开，可见花瓣。继而雄蕊伸长，花萼逐步开放，花瓣与花萼齐平，雄蕊继续伸长，与雌蕊高度接近，不久花瓣稍高于花萼，雄蕊与雌蕊高度相同，花粉囊裂开，花粉粒落于柱头，开始授粉受精过程。随后花冠展开，称为开花，但也有一些品种的花冠不展开或展开不畅。一个花蕾从形成到完全开放一般需3～7天，开花只需1天即完成。始花后1～11天开花最盛。

每天的开花数量以早上为多，占 70％～80％，6：00 开花，8：00—10：00 盛开，16：00 后基本停止。开花时期的长短也因品种和环境条件而有变化，一般为 18～40 天，有限结荚习性品种花期较短，无限结荚习性品种花期较长。此外，大豆开花期的长短与栽培条件也有一定关系，早播、水肥充足的，花期较长，反之则短。大豆开花期是营养生长和生殖生长并行时期。进入初花期以后，植株迅速增高，叶面积指数迅速扩大，根瘤数目迅速增多，因而植株干物质也迅速增加。据测定，整个花期只占全生育期的 1/4～1/3，而营养体的增长和干物质的积累却占一半以上，是大豆一生中营养生长最快的时期。从生殖生长角度看，一方面大量开花，另一方面部分花芽正处在分化过程中，而早开的花已结成幼荚并开始伸长，所以生殖生长也处在旺盛时期。由于开花期是大豆营养生长与生殖生长并行时期，因此对环境条件的要求比较高，反应敏感，如果环境条件不能满足这个时期的要求，就会引起大量落花落荚，造成减产。开花的最适昼夜温度分别为 22～29℃和 18～24℃，最低温度为 16～18℃。过高或过低都会抑制开花。空气相对湿度在 70％～80％、土壤最大持水量在 70％～80％时，对开花最为适宜。

5. 结荚鼓粒期

（1）受精和胚珠发育过程。大豆是自花授粉、闭花受精的作物。花冠未开放前，花药已裂药散粉，持续达 2～3 小时，花粉的可育率为 80％～95％。花粉萌发后，进入珠孔，与胚珠进行双受精。成熟的花粉粒具有 1 个营养细胞和 1 个生殖细胞。自花授粉后，落到柱头上的花粉随即萌发，从 3 个萌发孔中的任何一个长出 1 条花粉管，生殖细胞很快进入其中。受精前的成熟胚囊中有 1 个卵细胞、2 个助细胞和具次生核的中央细胞。花粉发芽 15～20 分钟后花冠开放。开花后 7～10 天，分化种皮各组织；开花后 15～20 天，分化子叶，随后分化初生叶；开花后 30 天，分化第一复叶。

（2）豆荚形成与品质相关内含物的积累。开花受精后，子房随之膨大，接着出现软而小的青色豆。开花后 10 天，豆荚迅速生长；开花后 20 天，豆荚长度达全长的 90%左右；25～30 天才达最大宽度；而厚度的增加，在豆荚伸长结束时才开始。种子干物质的积累，其重量的增加比体积的增加稍迟。在开花后 10 天内增加缓慢，荚长一般在 1.3 厘米左右，以后的 1 周增加很快，每天平均增长 0.4 厘米左右。

豆荚的长度和宽度在生殖生长早期就相对固定下来，然后籽粒迅速充实，接着豆荚扩展，豆荚的厚度和重量增加。由于鲜食大豆的口味与种子的蔗糖和游离氨基酸成分密切相关，因此有必要对种子中蔗糖和游离氨基酸的成分作出评估。种子的糖类主要有葡萄糖、果糖和蔗糖，蔗糖含量比较高，豆荚生长早期总的蔗糖含量缓慢上升，到中期后保持平稳状态，果糖和葡萄糖的含量下降。游离氨基酸随着豆荚的伸长逐渐下降，为了有较好的口味，最好尽早收获。把豆荚颜色作为指标，最好在开花后 40 天之前收获。不同品种的最佳收获时间有一定的差别，一般当主茎上有 40%的豆荚完全充实时进行收获较为适合。豆荚充实的速度较快，最适收获时间一般只有 2 天或 3 天。

（3）种子发育及干物质积累。子房单室，内具 2～4 个胚珠，以 3 个胚珠为多。胚珠以珠柄着生在腹缝线上，弯生，珠孔向上，开口于腹缝一侧。直到受精 14 天后，胚珠及胚组织的相对比例仍然相同。随着子叶的迅速生长，胚乳很快被吸收，在受精后 18～20 天，只剩下胚乳的残余。在胚的发育过程中，胚珠的珠被形成了种皮，珠孔变为种孔，种脐即为胚珠珠柄成熟断落后的痕迹。1 个胚珠即成为 1 粒种子。

种子大部分的干物质是在开花后 30 天左右积累的。在种子发育过程中，随着种子的增大，粗脂肪、蛋白质等逐渐增加，淀粉与还原糖则逐渐减少，灰分中的磷也逐渐增加。种子中蛋白质与油分的积累比较迟，开花后 30～45 天才达总量的 1/2 左右。

开花后 20～40 天粒重的增长占总粒重的 70%～80%，单粒重的最大日增长量为 7.51 毫克。多数品种在开花后 35～45 天籽粒增重最快。

（4）结荚鼓粒期对环境条件的要求。结荚鼓粒期以生殖生长占主导地位，植株体内的营养物质开始再分配和再利用，籽粒和荚果成为这一时期唯一的养分聚集中心。此时的环境条件，对结荚率、每荚粒数、粒重及产量有很大的影响。大豆结荚鼓粒喜凉爽的天气，但结荚期温度至少要 15℃，至鼓粒阶段能耐 9℃的低温。进入鼓粒后，温度稍低则有利于物质的积累。南方鲜食春大豆的结荚鼓粒期正处于 5 月下旬以后，一般不会遇到低温问题，鼓粒期如气候凉爽，昼夜温差大，土壤水分适宜，不但有利于籽粒充实、粒重提高，还可以增加油分。一般有限结荚习性品种在开花终了时，幼荚形成和伸长不多；而无限结荚习性品种在开花终了时，植株下部的荚已有相当数量，有的荚甚至已达到最大长度与宽度。所以，开花结荚和鼓粒没有很明显的界限。

6. 成熟期 随着豆粒的形成，光合产物大部分输送给豆粒的膨大，鲜食大豆留种或繁种种子在养分充实后，水分逐渐减少，有机物质积累达最高峰，最后种子变硬而呈品种固有的形状、大小和色泽，荚也呈固有的颜色，此时称为成熟期。

第二节 器官形成与发育

（一）根和根瘤

大豆的根为圆锥根系，由主根和侧根组成。鲜食大豆根系发达，近地面 7～8 厘米处主根较粗，侧根水平伸展 40～50 厘米后入土深 1 米左右，好气性强，适宜在土壤肥沃、活土层深厚、有机质含量高的沙质土壤中栽培。侧根先略水平地向四周辐射状伸展，以后急转向下生长。从主茎分出的次侧根上，又可分出二次侧根，从二次侧根上还可分出三次侧根，越往下生长，根越细。

主根和侧根都能着生根瘤，但主要集中在20厘米以内的耕作层。

大豆发芽后，胚根伸长即形成主根，经3～7天，侧根开始出现。在幼苗期，根的伸长速度较快，特别是从出苗到第一片复叶的出现，根系的生长发育是大豆植株生长的主要中心。发芽后1个月，一次侧根的数目已达到最多，主根深度一般可达45～60厘米，侧根的横向伸长可达20～25厘米。1个月以后，根系的进一步发达主要是依靠第二次以下的侧根的生长。从开花末期到荚伸长期是根系达到最发达的时期，此后才开始逐渐衰退减弱。大豆根系的生长受品种及环境条件的影响较大，一般迟熟品种植株较高大，根系也较发达。土壤水分适宜、疏松通气有利于根系的生长；磷素充足，根的数量和干重明显增加；苗期多氮，则对根系的发育有抑制作用。

大豆的根瘤是大豆根瘤菌侵入根部后，被侵入的皮层部细胞受到根瘤菌增殖的刺激而加速分裂所形成的，根瘤内含有许许多多的根瘤菌。大豆根瘤菌要依赖大豆来供给养分，但又能把空气中大豆不能直接摄取的游离氮固定为氨，再进一步转化为α-氨基化合物供给大豆应用。所以，大豆和大豆根瘤菌是互相依赖的共生体。一般说来，发育良好、形状较大、呈粉红色的根瘤，其根瘤菌的固氮作用较强；如根呈绿白色，则固氮作用较弱。大豆的根瘤一般在出苗后1周左右就可开始形成，但初时体积小、数量少，固氮能力也较弱。以后随着植株生长，根瘤数目不断增加，固氮能力也不断增强。从开花到籽粒形成初期是根瘤固氮最活跃的时期。据测定，这时期的固氮量占根瘤一生全部固氮量的80%～90%。此后，由于豆粒发育，植株养分多流向荚实，根瘤菌得不到地上部养分的充足供应，固氮作用迅速下降，根瘤逐渐衰败。pH为4.8～8.8，大豆根瘤菌可保持活力；pH为3.9～4.8，根瘤的形成和根瘤菌的活动受到抑制；pH在3.9以下，根瘤菌就不能存活。此外，适宜的土壤温度（20～24℃）、适宜的土壤水分（含水量60%～80%）、良好的通气性、充足的磷素营养等条件，均有利于根瘤菌的发育和固氮能力的提高。

（二）叶片

大豆是子叶出土的作物，子叶出土后遇光即变成绿色并水平展开。绿色的子叶不但以其储藏的养分供给幼苗生长，而且还能进行光合作用。出土后大约 2 周内，子叶中的叶绿素不断增加，光合能力也不断增强。随着幼苗生长，子叶之上又长出 1 对初生的单叶，互生，呈卵圆形，为胚芽的原始叶，是大豆生育初期重要的光合器官。单叶以上所出的叶片均为具有 3 片小叶的复叶，互生，有长叶柄。小叶有近圆形、卵圆形、椭圆形、披针形等，因品种而异。叶柄基部有三角形托叶 1 对。叶面有茸毛或无。一般叶片呈细长形状的，叶绿素 a 和叶绿素 b 的比值较低，光补偿点较低，耐荫性较强，适合与其他作物间套作。大豆单株各叶的面积，以主茎中上部的叶最大，顶部叶其次，下部叶较小。叶片展开到脱落的时间，中部叶较短，下部叶其次，上部叶最长。有限结荚习性品种上部和顶部叶的面积比无限结荚习性品种显著较大。而开花以后的出叶数，有限结荚习性品种比无限结荚习性品种要少。从单位面积上的叶面积发展看，初期增长很缓慢，进入花芽分化期以后，叶面积迅速扩大，开花结束至鼓粒阶段，达到最大叶面积指数，此后逐渐下降，并在接近生理成熟以后，残存在植株上的叶片逐渐转黄，最后在叶枕处产生离层脱落。

大豆叶片的光合强度，从下位叶到上位叶依次增加，其保持高光合强度的时间，也由下而上逐渐增加。大豆叶片的光合强度，在整个生育过程中出现 2 个高峰：一是在开花初期，二是在鼓粒盛期，这与大豆在该时期需要较多的光合产物相吻合。

（三）茎和分枝

大豆的茎由主茎和分枝组成。茎直立或半直立，圆形而有不规则棱角，上有灰白色至黄褐色茸毛，嫩茎绿色或紫色，绿茎开白花，紫茎开紫花。老茎灰黄色或棕褐色。叶腋抽出分枝或不分枝。主茎的节数因品种而不同，生育期长的品种，主茎节数较多，生育期短的则较少。主茎节数与产量有一定关系，主茎节数多的，一般产量较高。主茎的伸长，开始时较慢；当第三片复叶展开时开始加快，到开花以后生长最快；当所有茎节都出现豆荚时，茎的伸长停止。

大豆的结荚习性是大豆的综合生长性状，与分枝性、株高、生长势态、繁茂程度及粒茎比有密切关系，而这些性状又与生态环境条件密切相关。根据大豆茎的伸长与开花结荚的关系，可将大豆分为有限结荚习性、无限结荚习性和亚有限结荚习性 3 种类型。

1. 有限结荚习性　直立性较好，茎秆坚韧，植株较矮，株高一般在 30～100 厘米，当肥水条件好时，生长粗壮，不易倒伏，产量较高。开花以后不久，其顶端生长点就转化成顶花序，限制了茎的继续生长。这种类型一般是植株中上部先开花，而后逐渐向下、向上开花，花荚集中，花期较短，开花以后的营养生长量比较少，开花与营养生长同时并进的时间较短。顶部叶片大，冠层封闭较严，结荚和成熟较一致。

2. 无限结荚习性　主茎和分枝的顶芽一般不形成顶花序，其顶端生长点在适宜条件下，能较长时间地保持伸长能力，在结荚期间仍继续生长，营养生长和生殖生长重叠的时间长。这种类型通常是植株下部先开花，而后由下而上不断开放，花荚分散，花期长，开花后的营养生长量较大，结荚分散，成熟不一致，植株高，节数多，多属丛生或蔓生，在干旱、缺肥的条件下，仍有一定的产量。一般茎秆从下而上由粗变细，叶片越往上越小。

3. 亚有限结荚习性　植株性状和特性则介于上述两者之间，形成顶花序的时间迟。除主茎和分枝顶端有较多的花和荚之外，其他性状更接近于无限结荚习性。有限结荚习性品种，一般不易徒长，对肥水条件要求较高，但耐贫瘠能力较弱；无限结荚习性品种，在高肥条件下容易徒长，但比较耐旱耐贫瘠，抗逆力较强，在迟播情况下，表现比较稳产。因此，在早播、肥水条件好的情况下，要选用有限结荚习性品种；反之，则以选用无限结荚习性品种为宜。间作套种用的品种也以有限结荚习性品种为好。

大豆主茎每个节都有腋芽，腋芽都有可能发育成分枝或花序。一般主茎下部的腋芽大都发展成分枝，中上部的腋芽多发育成花序，最下部的子叶节和单叶节也能发生对生的分枝，但一般发生率较低，并且比较瘦弱。只有主茎第一复叶以上发生的分枝，发育才比较良好。分枝由下而上按次序发生，通常当主茎长到第五片复叶时，在第一复叶节上发生分枝，即第五片叶与第一分枝的出现期相一致（即有同伸关系）。以后第六片叶与第二分枝，第 n 片叶与第 $n-4$ 分枝的出现期相一致。分枝的多少与品种及播种期有关，浙江春大豆和秋大豆般有 2～5 个分枝（具有 2 个节以上），且都为一次分枝。夏大豆生育期长，分枝数多，有时也有二次分枝结荚的情况出现。根据分枝与主茎所构成的角度以及分枝的大小，分不同的类型。①收敛型：分枝较长，与主茎构成角小，分枝向上生长，收敛呈筒状；②展开型：分枝较长，分枝与主茎构成角度大，张开如扇状；③中间型：分枝张开角度介于上述两者之间。上述分枝类型以收敛型较适于密植，展开型则不适于密植。

大豆分枝的多少与外界环境条件及顶端优势也有关系。摘心可明显促进分枝的生长，但促进程度因摘心时间而异，早摘的对分枝促进大，迟摘的对分枝促进小，但对减少花荚脱落有一定作用。

（四）花

大豆花的分化始于开花前 20～30 天，自花蕾出现到开放一般为 3～7 天。大豆花为蝶形花，短总状花序，腋生或顶生，花小，白色或紫色。花冠由 1 枚旗瓣、2 枚翼瓣、2 枚舟瓣所组成，雄蕊 10 个，其中 9 个连在一起，雌蕊 1 个，柱头球状，子房由一心皮组成，内含胚珠 1～4 个，着生在腹缝线上。大豆的花期为 10～30 天，开花后 4～5 天进入盛花期，10～15 天大多数花已开放。大豆是自花授粉作物，自然异交率不超过1%，花序着生8～10朵花，花期1～2天，一般在花朵开放以前已完成自交授粉，花粉发芽后15～20分钟，花冠才开放，每花序结荚3～5个，每荚结籽2～4粒。大豆的雌蕊比雄蕊早成熟1天左右，所以，在进行大豆杂交育种时，如果在花朵开放的前1天进行，就可以省去去雄手段。大豆花粉生活力到开花后3天降到10%以下。

（五）豆荚和种子

大豆授精后，子房就开始膨大伸长而逐渐形成幼荚。荚的生长一般是先增加长度，再增加宽度。开花后15～20天，荚的长度达到最大；开花后25～30天，达到最大宽度。荚的外侧表皮下两层同化组织含有叶绿素，在开花后的40天内，尚有进行同化作用的能力。大豆的种子由受精的胚珠发育而成，其生长过程一般是宽度的增加早于长度的增加。

栽培大豆是从百粒重小于2克的野生大豆经人们的定向选择，逐渐积累变异而演化来的。栽培大豆按种子百粒重，可分为大粒型（20克以上）、中粒型（12～19.9克）和小粒型（小于12克）。鲜食大豆由于其商品性的需要，一般要求大粒型品种，干籽百粒重要求在25克以上。

籽粒较大的品种，在自然条件优越、土壤肥沃、水分供应较充分的地块则生长较好，而籽粒较小的大豆品种较能适应不良的环境条件。因而在生产上，鲜食大豆与普通大豆相比，较易受环境的影响，对肥水条件要求高，要求相对良好的生长环境，鲜食大豆尤其是特大粒品种，在种植过程中会产生一些环境胁迫问题，如结荚少、荚不饱满、落花落荚甚至不结荚等，造成生产上的损失。

荚果矩形扁平，嫩荚绿色，成熟时黄色、褐色或深褐色。荚果表面密布茸毛，毛色黄褐色或灰白色（俗称白毛），鲜食大豆品种以白毛品种为好，尤其是鲜食大豆作为鲜售蔬菜，白毛品种的商品性更好，现在也有稀毛和无毛品种。种子椭圆形或圆形，无胚乳，百粒重10～50克，大多数鲜食大豆的百粒重为20～35克，种子寿命2～4年，多数鲜食大豆品种由于种子大、种子寿命较短，容易劣变和失活。

大豆的种皮颜色可分为4类：①黄大豆，种皮为黄色；②青大豆，种皮为青色，按其子叶颜色，又可分为青皮青仁和青皮黄仁2种；③黑大豆，种皮黑色，按其子叶颜色，又可分为乌皮青仁和乌皮黄仁2种；④其他色大豆，种皮为褐色、茶色、赤色及杂花色等。鲜食大豆基本上以黄色、绿色种皮为主。近年来，育种家们为丰富鲜食大豆品种，新培育了一些黑色、茶色豆品种，正在陆续投放市场，如日本近年来新推出的“茶豆”。

第三节　环境要求

大豆是对环境条件反应比较敏感的作物。了解大豆的生育与环境条件的关系，是采用正确农业技术措施的一个重要依据。

（一）温度

大豆发芽的最低温度为6～7℃，最适温度为30～35℃，最高温度为40～42℃。大豆种子虽然能在6～7℃下发芽，但速度极慢。据研究，温度低于9℃时，下胚轴的伸长就受到抑制。所以，在低温下，大豆虽然能萌发，但是往往不能出土成苗或者出苗很迟，易遭病菌侵染危害，不能培育成壮苗。大豆在15℃以上温度时，发芽和出苗才顺利，而以15～25℃为大豆发芽和出苗的理想温度，如温度再提高，出苗虽然快，但是苗较细弱。通常春大豆播种时温度偏低、出苗慢、出苗率低，为此常采用育苗移栽法。育苗移栽法在育苗阶段用塑料薄膜盖苗床来提高温度，因此可提早播种，加速出苗和提高出苗率。大豆出苗后，植株生长发育所需要的最低温度为10℃，最适温度为30℃左右。花芽分化需要15℃以上的温度，15～25℃对花芽分化或开花有促进作用，25℃以上促进开花的效果就减少，更高的温度甚至不利于开花。大豆开花的最适温度，要求日间温度24～29℃，夜间温度18～24℃。温度低于13℃时，就停止开花，但温度过高，也会引起落花落荚率增加。开花以后，特别是种子快速充实阶段，温度不宜过高。一般气候凉爽、昼夜温差大，有利于籽粒充实，增加粒重，并且有利于油分含量的增加。籽粒充实期如遇到高温多湿天气，容易使种子生活力降低。

（二）水分

大豆种子发芽要吸足种子本身重量1.2～1.5倍的水分，比玉米、水稻等作物发芽所需的水分多，主要是因为大豆含有丰富的蛋白质。一般认为，75%的土壤含水量对大豆的生长最适宜。据报道，大豆每形成1斤干物质，需水300～500斤，但不同时期对水分的需求不同。幼苗期较能耐旱，一般保持土壤水分为最大持水量的50%左右为宜。随着幼苗生长，对水分要求日益增多，花芽分化期以保持土壤最大持水量的65%～70%水分为宜。开花期和种子形成期是大豆需要水分最多的时期，要求适宜土壤水分为最大持水量的70%～90%，如低于70%，产量就直线下降。开花期若水分不足，花期缩短，开花数减少，花冠不能敞开，落花数增加。种子形成期比开花期需要更多的水分，是大豆需水的临界期。此时干旱会引起幼荚的大量脱落，或产生大量的瘪荚、瘪粒，并降低种子的饱满度，对产量影响很大。据测定，一株大豆从出苗到开花，一昼夜消耗100～150克水；而从开花到鼓粒，一昼夜则要消耗300～500克水。因此，农谚有“大豆开花，沟里摸虾”的说法。相反，大豆到鼓粒以后，对水分的需求就显著减少，过多的水分不利于大豆的成熟过程。

（三）营养

大豆是需肥较多的作物。据吉林省农业科学院测定，每生产100斤种子，需吸收氮7.5斤、磷1.5斤、钾3.9斤、钙3.6斤，氮∶磷∶钾约为5∶1∶2.5。如果出现徒长现象，由于养分多用于营养器官的生长，则所吸收的氮和磷比正常情况还要分别增加 20%和 49.4%。由于大豆吸收钙比较多，日本把钙和氮、磷、钾合称为大豆的四要素。大豆对四要素的吸收，开花以前比较缓慢，开花以后吸收加快，这与开花以后干物质的迅速积累相一致。到种子开始鼓粒时，各种营养元素的吸收基本上都达到了最大值。此时期以后直到成熟前，氮素和磷素还略有增加，钙则保持一定水平，钾反而有所减少。大豆开花期是吸收各要素最快的时期。据研究，自出苗到开花，大豆只吸收 16.6%的氮素，8.4%～12.4%的磷素和 25%的钾素；但到开花结束时，已吸收氮 78.4%、磷 50%、钾 82.1%。氮的吸收高峰期出现在初花期到盛花期，磷的吸收高峰期出现在开花盛期到末期，而钾的吸收高峰期比氮早，出现在临花期。

1. 氮 大豆的籽粒含有 40%左右的蛋白质，其茎、叶含氮量也很丰富。因此，大豆是需氮素很多的作物。大豆开花期供给充足的氮素尤为重要，此时如氮素不足，结荚率降低，对产量影响比较大。有些试验表明，开花期氮素吸收量与种子产量之间呈现明显的正相关，即氮素吸收多的，产量比较高。

大豆吸收的氮素有来自土壤中的氮、肥料中的氮和根瘤菌固定的共生氮。一般根瘤菌固定的共生氮能满足大豆需氮量的 1/3～3/4，生产水平越低，共生氮所占的比重越大。据测定，每亩大豆可固定纯氮 7～15 斤。由于根瘤菌固氮的作用，虽然大豆对氮素的需要量比较大，但是施用氮肥的效果常有不一致的报道。大豆根瘤菌的固氮能力，除了与大豆的生育期密切相关外，与土壤中氮的含量以及肥料氮的多少有关。一般土壤含氮量多、施氮肥水平高的，共生固氮就少。因此，在有些情况下，如氮肥施得不合理，增产效果就小或者没有增产效果。为此，必须注意施氮肥的技术，以提高氮肥的效果。一般来说，生育期短的品种比生育期长的施氮肥效果要好。大豆生育前期，根瘤菌还不多，活动能力也不强，固定的氮素比较少，此时适量地施些氮肥，可促使幼苗生长健壮。反过来，幼苗生长被促进以后，就有较多的光合产物供给根瘤菌，从而促进了根瘤菌的发育和增强固氮能力。大豆进入开花期以后，需氮量急增，虽然此时根瘤菌的固氮作用也日趋旺盛，但是仍不能满足大豆旺盛生育的需要。因此，大豆进入开花期后，根据当时的长势、地力情况，适当施些氮肥，对提高产量有良好的效果。此外，在肥源的选择上可多用有机肥料，在施肥方法上做到氮肥深施或隔行施，或提前于大豆前作中施用，尽量减少肥料与根的直接接触。

2. 磷 磷与器官的分化形成和生长点的生长有很密切的关系，它可促进花芽分化，增加花芽数目，加速养分向生殖器官运输，促进早熟，增加产量和提高大豆的品质。磷对根瘤菌的生长发育也非常重要。据试验，在开花盛期，叶片吸收的磷有 1/4～1/3 被运往根瘤，对根瘤发育有明显的促进作用。磷在植物体内的分布，生育前期主要集中在生长点和其他生长最活跃的部分，生育后期则较多地分布于生殖器官。大豆生育前期根系吸磷能力比较弱，一般只能吸收可溶性磷化物，随着植株生长，逐渐能利用难溶性磷化物。当大豆生育前期供给充足的磷肥时，其吸收的大量磷素可以无机盐状态储存下来，到需要时再重新分配利用。因此，磷肥以早施为好。施用磷肥的效果，以土壤有效磷在 150 微克/克以下时比较显著。

3. 钾、钙和镁 钾对光合产物的合成与运输有密切的关系，在生育前期，钾和氮一起共同加速大豆的营养生长；在生育后期，则钾与磷一起配合加速植株体内的物质转化，提早成熟。此外，钾素对增加抗倒伏能力与促进根瘤发育也都有良好的作用。

钙对地下部发育的影响明显比地上部大，钙可促进生长点细胞分裂，加速幼嫩部分的生长，可中和过多的草酸，又可中和土壤酸性，促进根瘤繁殖。缺乏钙，豆根脆弱而变成暗褐色，侧根的发育减少，根系发育不良。

镁在大豆灰分中的含量仅次于钙和钾，主要分布于生理机能旺盛的部分。镁可使大豆固氮能力增加。缺镁时，根短而不分侧根，叶和茎呈灰绿色泽，叶脉间发生黄色斑点，出现缺绿病。缺镁还会使磷的吸收和移动受到一定影响。

4. 微量元素 大豆生育除需要上述元素外，还需要铁、锰、硼、钼等微量元素。铁能促使大豆生育良好，根系呼吸作用旺盛，缺铁时叶片变浅黄色而失绿，但组织并不死亡。锰与叶绿素的形成有关，也是某些氧化物的活化剂，因而可促进呼吸，增强发育。缺锰时生长停滞，也会引起叶色变淡缺绿。硼可促进体内碳水化合物的运输，增加开花数和提高结实率，增加产量和含油量。缺硼时，生育变慢，叶色淡绿，叶面凹凸不平，根系和根瘤发育不良，茎尖的分生组织死亡。钼可促进根瘤生长和提高固氮能力，还可加速对磷的吸收利用，提早成熟。此外，铜、锌等微量元素对大豆的生长发育、产量和品质等方面均有影响。

（四）光照

大豆生育与日照长度的关系已如第一节所述。大豆植株有较强的耐阴性，光补偿点①比棉花、谷子等作物低，适宜与其他作物间套作。大豆的光饱和点②，对单叶来说约为2.4万勒克斯，在叶面积指数为3.0～6.5的群体情况下，生育最盛时为4.0万～6.0万勒克斯，随着叶面积指数的提高，光饱和点也相应提高。大豆对光照最敏感的时期是开花后期或结荚初期。据试验，此时期用反射法增加光照，荚数增加31%～48%，产量增加40%～57%；若此时期进行遮光处理，荚数和产量分别比对照减少16%和29%。

（五）落花落荚

大豆花荚脱落是个普遍而严重的现象。据调查，大豆花荚脱

① 光补偿点指同一叶片同一时间内，光合作用吸收的二氧化碳量和呼吸作用放出的二氧化碳量相等时的光照度称光补偿点。

② 光饱和点指当达到一定光照度后光合速度不再因光照度的增大而增加时，即是光饱和现象，这时的光照度就是光饱和点。

落率一般在40%～70%，严重的则达80%～90%，是影响大豆产量的重要问题。

大豆花荚脱落的一般规律是有限结荚习性品种比无限结荚习性品种的脱落率低。在一个植株上，有限结荚习性品种下部脱落的多，中部次之，上部最少；而无限结荚习性品种上部脱落较多，分枝的上部脱落的多，而且落荚多于落花。花荚脱落时期，在开花末期是出现落花高峰的第一个时期，结荚后期到鼓粒初期是出现落荚高峰的第二个时期。

花荚脱落的原因是很复杂的，除了机械损伤、病虫害以及暴风雨影响之外，主要是由于株间光照不足，温度、湿度、水分、养分供应不足或不当，使植株体内新陈代谢不协调，各层叶片光合产物合成与供应不平衡以及某一时期运输系统受到阻碍，花荚所必需的养分种类和数量不足或比例失调所致。

大豆在开花结荚以后，根系活动旺盛，植株呼吸强度降低幅度小，花荚脱落率都低。大豆叶片可溶性糖的含量是随着生育进程而逐步升高的，开花盛期达到高峰，在结荚初期有所下降。叶片中含糖量（光合作用产生的各种类型的糖）是先高后低、再高再低的变化规律。在开花后期叶片含糖量出现第二次高峰，凡是花荚中可溶性糖含量百分率高者，脱落率低。大豆植株开花期间植株体内可溶性氮向花荚转移快，到结荚期合成蛋白质多者，脱落率低。但开花期植株体内含氮过多，营养体生长过旺，易引起倒伏，则使花荚脱落率骤增。

通风透光状况也影响大豆的花荚脱落率。据调查，大豆开花结荚期间，在群体通风透光条件优越的情况下，光合作用强，花荚脱落率低；在群体叶片互相搭接遮光的情况下，因光照条件不好，植株下部叶片光合作用差，花荚脱落率高。因此，满足肥水条件，改善群体的通风透光状况，是增花保荚的关键。目前，有些地方利用玉米与大豆间种，因而降低了大豆产量，主要是由于大豆受光条件恶化，同化产物供应不足，花荚大量脱落而引起的。因此，必须正确处理好两者争光的矛盾。

温度、湿度、水分、养分状况影响大豆的同化和异化作用，因而影响花荚的形成和脱落。开花结荚期间平均气温低于22℃，最低湿度低于60%花荚脱落率也高，温度适宜、大气湿度在80%，则有利于增花保荚。气温过高、湿度过大，都会造成较多的花荚脱落。水分是大豆植株的主要组成物质之一，是大豆生长发育的命脉。因此，水分过多或过于干旱都会使大豆花荚脱落增加。我国大豆产区大豆养分供应一般存在的问题，一方面是养分供应不足，满足不了大豆开花结荚期对养分的大量需要而造成开花结荚少，脱落较多；另一方面，则表现为养分供应失调，偏重某种营养元素的供应，或者养分供应与其他栽培技术配合不够得当，而引起花荚脱落较为严重。因此，合理增加营养元素是减少花荚脱落、增加结荚数量的重要技术措施。

解决花荚脱落问题，必须从增加开花数、减少脱落率出发，使之增花、增荚、增粒、增重，以提高产量。选用抗倒伏高产稳产品种；合理施肥，大豆与矮棵作物间种，合理密植，适时灌水、摘心或化控等栽培技术，都能有效地增加开花数量，减少花荚脱落率，提高大豆产量。

第四章 鲜食大豆栽培技术

第一节 塑料大棚搭建

塑料大棚是在塑料小拱棚基础上发展起来的大型塑料薄膜覆盖保护栽培设施。塑料大棚是 20 世纪 60 年代后期引入我国的，最先在蔬菜上应用。20 世纪 50 年代，我国从苏联引进的保护地栽培技术，可谓简易的设施农业。60 年代末，我国北方才初步形成了由简单覆盖、风障等构成的保护地生产技术体系。70 年代，推广地膜覆盖技术，对保温、保水、保肥起到了很大作用。70 年代初，在黑龙江高寒地区、山西农业大学等开始进行小面积的大棚西瓜栽培试验，但因当时处于摸索阶段，栽培管理技术不成熟，再加上当时塑料工业尚不发达，所以没有发展起来。80 年代初期，沿海等地区又开始研究和推广大棚西瓜栽培技术，取得了突破性的进展。80 年代中后期，许多地方特别是在浙江台州一带，运用单栋式 6 米宽钢管大棚或是 8 米宽提高型钢管大棚加地膜对嫁接后的西瓜进行反季节栽培，实现了西瓜早熟、丰产和优质，取得了明显的增产和增效。进入 90 年代后，这项技术除了广泛用于西瓜外，还用于茄子、番茄等其他蔬菜。我国设施园艺总面积已从 1981 年的 10.8 万亩猛增到 2020 年的 6 160.0 万亩，设施蔬菜面积占到 5 700 多万亩，一跃成为世界设施园艺面积最大的国家，更因为它具有以节约能源为特色的高效实用的生产技术体系，从而在世界设施园艺学术界中占有重要地位。

塑料大棚的类型、性能及建造

（一）塑料大棚的类型

目前，我国塑料大棚的种类很多。根据棚顶的不同形状，塑料大棚可分为拱圆形、屋脊形；根据连接方式不同和栋数的多少，大棚可分为单栋型和连栋型；根据骨架结构形式，塑料大棚可分为拱架式、横梁式、衍架式、充气式；根据建筑材料，塑料大棚可分为竹木结构、混合结构、钢管水泥柱结构、钢管结构及 GRC 预制件结构等；根据使用年限的长短，塑料大棚可分为永久型和临时型。塑料大棚还可以按照使用面积的大小，划分为小棚、中棚、大棚 3 种。一般把棚高 1.8 米以上，棚跨度 6～8 米，棚长度 40 米以上，面积 0.5 亩以上的称作塑料大棚；棚高 1.0～1.8 米，棚跨宽度 4～6 米，面积 0.1～0.5 亩的称作塑料中棚；棚高 0.5～1.0 米，跨度 4 米以下，面积 0.1 亩以下的称作塑料小棚。

各种类型的大棚都有自己的性能和特点，使用者可根据当地的气候条件、经济实力和建棚目的灵活选用。

1. 按屋顶形式区分

（1）拱圆形大棚。该类型的大棚是用竹木、圆钢或镀锌钢管、水泥或 GRC 预制件等材料制成弧形成半椭圆形骨架（又叫棚体）。其内部结构可分为 2 种：一种有立柱、拉杆，另一种无立柱。棚架上覆盖塑料薄膜，再用压杆、拉丝或压膜线等固定好，形成完整的大棚。

（2）屋脊形大棚。这种大棚的顶部呈“人”字形，有 2 个斜面，棚两端和棚两侧与地面垂直，而且较高，外形酷似一幢房子，其建材多为角钢。因其建造复杂、棱角多，易损坏塑料薄膜，故生产上应用日益减少。

2. 按构建材料区分

（1）毛竹大棚所用的主要材料。

①毛竹。二年生毛竹，长 5 米左右，中间处粗度 8～12 厘米，顶粗度不小于 6 厘米。竹子砍伐时间以 8 月以后为好，这样的毛竹质地坚硬而富有柔韧弹性，不生虫，不易开裂。每亩面积大棚需毛竹 2 000 千克左右。

②大棚膜。最佳选用多功能膜（无滴膜），以增加光能利用率，提高棚的保温性能。膜幅宽 7～9 米，厚度 6.5～8 微米，一筒 40 千克的大棚膜可覆盖 1 亩左右。

③小棚膜。采用普通农膜，幅宽 2～3 米，厚度 1.4 微米，亩用量 10 千克。小棚用的竹片长 2～3 米、宽 2～3 厘米。

④地膜。选用 1.5～2 米宽的无滴膜（水稻秧苗膜），亩用量 3 千克。

⑤压膜线。最好选用聚丙烯压膜线，也可就地取材，亩用量 7 千克。

⑥竹桩。竹桩用毛竹根部制成，长约 50 厘米，近梢端削尖，近根端削有止口，以利于压膜线固定，亩用量约 260 个。

在建造大棚前，要对一些骨架材料进行处理，埋入地下的基础部分是竹木材料的，要涂以沥青或用废旧薄膜包裹，防止腐烂。拱杆表面要打磨光滑、无刺，防止扎破棚膜。

毛竹大棚的建造工序要按以下程序执行：定位放样→搭拱架→埋竹桩（压膜线固定柱）→上棚膜（选无风晴天进行）→上压膜线扣膜（拴紧、压牢）→覆膜。

整块大棚膜的长、宽度均应比棚体本身的长、宽多 4 米左右，覆膜时，先沿大棚的长度方向，在靠近插拱架的地方，开一条 10～20 厘米深的浅沟，盖膜后，将预先留出的贴地部分依次放入已开好的沟内，并随即培土压实。这种盖膜方式保温性能好，但气温回升后通风较困难，有时只好在棚膜上开通风口，致使棚膜不能重复使用。盖膜时操作简单。

塑料大棚覆盖薄膜以后，均需在 2 个拱架间用线来压住薄膜，以免因刮风吹起、撕破薄膜而影响覆盖效果。目前，常用的压膜线为聚丙烯压膜线。

（2）825 型和 622 型钢管棚所用的主要材料。主体材料为装配式镀锌钢管，其他材料主要有以下几种。

①大棚膜。内外膜均选用多功能膜（无滴膜），以增加光能利用率，提高棚的保温性能。外膜幅宽 12.5 米，厚度 8 微米，一筒 40 千克的大棚膜可覆盖 1 亩左右。内膜选用多功能膜 8～10 米（无滴膜），厚度 5 微米，覆盖 1 亩地需 25～30 千克。

②裙膜。高 80 厘米，根据大棚长度，由旧大棚外膜裁剪。

③地膜。选用 1.5～2 米宽的无滴膜（水稻秧苗膜），亩用量 3 千克。

④压膜线。最好选用聚丙烯压膜线，也可就地取材，亩用量 7 千克。

⑤拉钩。由铁制材料做成长约 50 厘米，每边隔 1 米 1 个，亩用量约 170 个。

此类大棚构建按以下程序执行：定位放样→安装拱管（按厂方提供的使用说明书进行组装）→安装纵向拉杆并进行棚形调整→装压膜槽和棚头（安装时，压膜槽的接头尽可能错开，以提高棚的稳固性）→覆膜→安装好摇膜设施。管棚通风口的大小由摇膜杆高低来控制。

（二）塑料大棚的性能和效应

1. 透光性能 光照是大棚内小气候形成的主导因素，直接或间接地影响着棚内温度和湿度的变化。影响棚内光照度的因素有很多，如不同质地的棚膜透光率差异很大，新的聚乙烯棚膜透光率可达 80%～90%，而薄膜一经粉尘污染或附着水珠后，透光率很快下降；大棚膜顶的形状、大棚走向以及骨架的遮阳状况等都影响棚内的光照度。因此，光照条件比中、小塑料棚内优越。据测定，大棚内的光照度在晴朗的天气相当于自然光的 51%；在阴天，棚内散射光，则为自然光的 70%左右，可基本满足鲜食大豆生长发育的要求。棚内光照的垂直变化是上部光照度较大，向下逐渐减弱，近地面处最小。

2. 增温、保温性能　由于塑料薄膜的热传导率低，导热系数仅为玻璃的1/4，透过薄膜的光，照射到地面所产生的辐射热散发慢，保温性能好，棚内温度升高快。同时，由于大棚覆盖的空间大，棚内温度比中小棚要稳定。一般大棚内地温和气温稳定在15℃以上的时间比露地早30～40天、比地膜覆盖早20～30天。此外，大棚内空间大，可根据情况在棚内加盖小拱棚，其保温效果可得到进一步提高。大棚鲜食大豆一般比露地早播种60天左右。

（三）建棚前的准备

大棚投资大，应用年限长，在建棚时要进行周密的计划。首先，要选好3～5年都未种过豆科和十字花科蔬菜的地块作为建棚场地，而且建棚场地的选择，要求符合以下条件：沿海地区按台风东西方向建棚，内陆地区按采光度南北方向建棚。背风向阳，东、西、南三面开阔环无遮阳，以利于大棚采光，丘陵地区要避免在山谷风口处或低洼处建棚；地面平坦，地势较高，土壤肥沃，灌排水方便，水质无污染，地下水位在1.5米以下。水电路配套，交通便利，建棚时材料运进和产品运出要方便。建棚前，还要充分准备好材料，所有物资都要到位。

（四）塑料大棚的规模与布局

1. 确定大方位　大棚的方位有东西向和南北向2种，即东西向大棚和南北向大棚。2种方位的大棚在采光、温度变化、避风雨等方面有不同的特点，一般来说，东西向大棚，棚内光照分布不均匀，畦北侧由于光照较弱，易形成弱光带，造成北侧棚内大豆生长发育不良。南北向大棚则相反，其透光量不仅比东西向多5%～7%，且受光均匀，棚内白天温度变化也较平稳，易于调节，棚内大豆枝蔓生长整齐。因此，通常采用南北向搭建，偏角最好为南偏西，控制在100米以内。

2. 合理布局　大棚的方向确定后，要考虑道路的设置、大棚门的位置和邻栋间隔距离等。场地道路应该便于产品的运输和机械通行，路宽最好能在 3 米以上。大棚最好建在一条直线上，便于铺设道路，以邻栋不互相遮光和不影响通风为宜。一般从光线考虑，棚间距离不少于 2 米，南北距离不少于 5 米。

目前，生产上常用的塑料大棚面积为 0.5～1 亩，宽 6～8 米，长 40～60 米，棚长则保湿性能好，适宜大豆栽培。

大棚的长宽比值对大棚的稳定性有一定的影响，相同的大棚面积，长宽比值越大，周长越大，地面固定部分越多，稳定性越好。一般认为，长宽比值大于或等于 5 较好。

棚体的高度要有利于操作管理，但也不宜过高。过高的棚体表面积大，不利于保温，也易遭风害，而且对拱架材质强度要求也高，提高了成本。一般简易大棚的高度以 2.2～2.8 米为宜。

棚顶应有较大坡度，防止棚面积雪，减小大风受力，其高跨比一般为 1∶3。

（五）塑料大棚的建造

1. 拱圆形竹木结构塑料大棚的建造　拱圆形竹木结构塑料大棚一般有立柱 4～6 排，立柱纵向间隔 2～3 米，横向间隔 2 米，埋深 50 厘米要建造一个面积为 1 亩、跨度 10～12 米、长 50～60 米、拱高 2～2.5 米的竹木结构大棚，需准备直径 3～4 厘米的竹竿 120～130 根、5～6 厘米粗的竹竿或木制拉杆 80～100 根、2.6 米长的中柱 40 根左右、2.3 米长的腰柱 40 根左右、1.9 米长的边柱 40 根左右，中柱、腰柱和边柱顶端要穿孔，以便固定拉杆。还要准备 8 号铅丝 50～60 千克、塑料薄膜 130～150 千克。

确定好大棚的位置后，按要求划出大棚边线，标出南北两头 4～6 根立柱的位置，再从南到北拉 4～6 条直线，沿直线每隔 2～3 米设一根立柱。支柱位置确定后，开始挖坑埋柱，立柱埋深 50 厘米，下面垫砖以防立柱下陷，埋上要踏实。埋立柱时，要求顶部高度一致，南、北向立柱在一条直线上。

立柱埋好后即可固定拉杆，拉杆可用直径5～6厘米粗的竹竿或木杆，用铁丝沿大棚纵向固定在中柱、腰柱和边柱的顶部。固定拉杆前，应将竹竿烤直，去掉毛刺，竹竿大头朝一个方向。

拉杆装好后再上拱杆，拱杆是支撑塑料薄膜的骨架，沿大棚横向固定在立柱或拉杆上，呈自然拱形，每条拱杆用2根，在小头处连接，大头插入土中，深埋30～50厘米，必要时两端加“横木”固定，以防拱杆弹起。若拱杆长度不够，则可在棚两侧接上细毛竹弯成拱形插入地下。拱杆的接头处均应用废塑料薄膜包好，以防止磨坏棚膜，大棚拱杆一般每2根间隔1.0～1.5米。

扎好骨架后，在大棚四周挖一条20厘米宽的小沟，用于压埋棚膜的四边。在采用压膜线压膜时，应在埋薄膜沟的外侧设地锚。地锚可用30～40厘米见方的石块或砖块，埋入地下30～40厘米，上用8号铁丝做个套，露出地面。

上述工作做完后，即可扣塑料薄膜，扣膜应选在无风的天气进行。选用厚度为0.08毫米的聚氯乙烯无滴膜，增强透光性，增加光能利用率。根据大棚的长度和宽度，购买整块薄膜。一般两侧围裙用的薄膜宽0.8～1.0米，选用上季或上年用的旧薄膜。扣膜时，顶部薄膜压在两侧棚膜之上，膜连接处应重叠20～30厘米，以便于排水和保温。扣棚膜时要绷紧，以防积水。

棚膜扣好后，用压杆将薄膜固定好。压杆一般选用直径3～4厘米粗的竹竿，压在两道拱杆之间，用铁丝固定在拉杆上。有的地方不用压杆，而是用8号铁丝或压膜线，两端拉紧后固定在地锚上。

大棚建造的最后一道工序是开门、开天窗和边窗。为了进棚操作，在大棚南北两端各设一个门，也可只在南端设一个门。门高1.5～1.8米，宽80厘米左右。大棚北端的门最好有3道屏障，最里面一层为木门，中间挂一草苫，外侧为塑料薄膜，这样有利于防寒保温。为了便于放风，可把大棚两端的“门”（做成活门）取下横放在门口，或在薄膜连接处扒口进行通风。拱圆形竹木结构塑料大棚结构示意图见图 4－1。

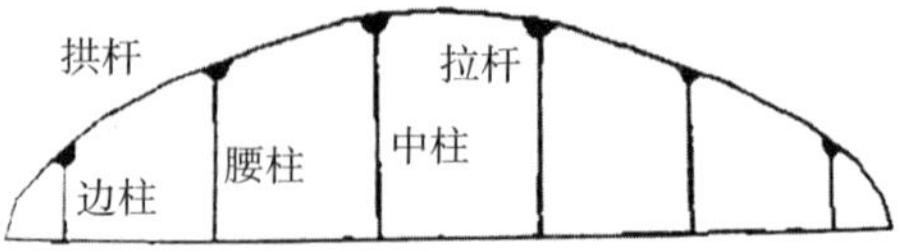

图 4－1　拱圆形竹木结构塑料大棚结构示意图

2. 竹木水泥混合拱圆形大的建造　这种大棚的建造方法与竹木结构塑料大棚基本一致。但所插立柱是用水泥预制成的。立柱的规格：断面可以为 7 厘米×7 厘米或 8 厘米×8 厘米或 8 厘米×10 厘米，长度按标准要求，中间用钢筋加固。每根立柱的顶端制成凹形，以便于安放拱杆，离顶端 5～30 厘米处分别扎 2～3 个孔，以便于固定拉杆和拱杆。一般 1 亩大棚需用水泥中柱、腰柱各 50～60 根。

（六）塑料大棚的覆盖材料

1. 农膜　按其加工的原料来分，有聚乙烯（PE）膜、聚氯乙烯（PVC）膜、乙烯-醋酸乙烯（EVA）膜等。其中，以乙烯-醋酸乙烯膜性能最好，而聚氯乙烯膜最差。按其性能来分，有普通膜、防老化膜、无滴膜、双防膜、多功能转光膜、多功能膜、高保温膜等。

（1）棚膜。棚膜一般厚 0.07～0.1 毫米，幅宽 8～15 米。棚膜应该符合以下要求：透光率高；保温性强；抗张力、伸长率好，可塑性强；抗老化、抗污染力强；防水滴、防尘；价格合理，使用方便。浙江慈溪当地早春多阴雨、低温、寡照，宜选用多功能转光膜或多功能膜作棚膜覆盖。现阶段最好的棚膜是 EVA 膜。此膜以乙烯-醋酸乙烯为原料，在添加防雾滴剂后，具有较好的流滴性和较长的无滴持效性。其优点有：①保温性好。据浙江省农业农村厅测定，EVA 膜棚内夜间温度比多功能膜高

1.4～1.8℃。②无滴性强。由于EVA树脂的结晶度较低，具有一定的极性，能增加膜内无滴剂的极容性和减缓迁移速率，有助于改善薄膜表面的无滴性和延长无滴持效性。③透光率高。据测试，EVA膜透光率为84.1%～89.0%，覆盖7个月后仍有67.7%，而普通膜则由82.3%降至50.2%，多功能膜降至55.0%。EVA膜的高透光率还表现在增温速度快，有利于大棚作物的光合作用。④强度高，抗老化能力强。新膜韧性，强度高于多功能膜，一般可用2年。

（2）地膜。国产地膜的原料为聚乙烯树脂，其产品分普通地膜和微薄地膜2种。普通地膜厚度0.014毫米，使用期一般在4个月以上，保温增温、保湿性较好。微薄地膜厚度为0.01毫米，质轻，可降低生产成本。按颜色分，有黑色、银灰色、白色、绿色地膜，以及黑色与白色、黑色与银白色的双色地膜。鲜食大豆早春时节应选择普通地膜，以利于增温，春季和夏、秋季露地可选择微薄地膜。

地膜的作用是提高地温，抑制杂草，抑制晚间土壤辐射降温，保持土壤湿度，改善作物底层光照，避免雨水对土壤的冲刷，使土壤中肥料加速分解并避免淋失，有利于土壤理化性状的改善和肥料的利用。在鲜食大豆生产过程中，覆盖地膜的另一个重要作用是使荚果成熟度一致，以利于统一上市，提高产量和效益。

2. 草帘　由稻草、蒲草等编织而成，保温效果明显、取材容易、价格低廉。草帘多在较寒冷的季节或强寒潮天气，覆盖在大棚内小棚膜上或围盖在裙膜上作为增温的辅助材料。使用草帘，一定要加强揭盖管理，当天气转暖或有太阳时，及时揭去草帘。早春时节草帘多在夜晚使用，白天一般都要揭帘，以增加棚内光照。

3. 聚乙烯高发泡软片　聚乙烯高发泡软片是白色多气泡的塑料软片，宽1米、厚0.4～0.5厘米，质轻能卷起，保温性与草帘相近。

第二节 深耕与整地

一、深耕

作物生长需要一定的耕作深度，农户常年用畜力步犁耕地，犁地不平，耕作深度一般只有 12 厘米左右，而且不能很好地翻松土壤。用小四轮拖拉机带铧式犁或旋耕机进行浅翻、旋耕作业，土壤耕层只有 12～15 厘米，致使耕作层与心土层之间形成了一层坚硬、封闭的犁底层，长此以往，熟土层厚度减少，犁底层厚度增加，很难满足作物生长发育对土壤的要求，导致产量受到影响。另外，长期反复大量施用化肥和农药，微生物消耗土壤有机质，磷酸根离子形成难溶性磷酸盐，破坏了土壤团粒结构，土壤表层逐渐变得紧实。坚硬板结的土层阻碍了耕作层与心土层之间水、肥、气与热量的连通性，严重影响土壤水分下渗和透气性能，作物根系难以深扎，导致耕作层显著变浅，犁底层逐年增厚，耕地日趋板结。理化性状变劣，耕地地力下降，制约了作物产量的提高。

机械深耕是土壤耕作的重要内容之一，也是农业生产过程中经常采用的增产技术措施，目的是为作物的播种发芽、生长发育提供良好的土壤环境。首先，利用机械深松深翻，可以使耕作层疏松绵软、结构良好、活土层厚、平整肥沃，使固相、液相、气相比例相互协调，适应作物生长发育的要求。其次，可以创造一个良好的发芽种床或菌床。对旱作来说，要求播种部位的土壤比较紧实，以利于提墒，促进种子萌动；而覆盖种子的土层则要求松软，以利于透水透气，促进种子发芽出苗。最后，深耕可以清理田间残茬杂草，掩埋肥料，消灭寄生在土壤和残茬上的病虫害等作用。

深耕包括深翻耕作（即传统的深耕）和深松耕作。

深翻耕作是土壤耕作中最基本也是最重要的耕作措施，它不仅对土壤性质的影响较大，同时作用范围广，持续时间也远比其他各项措施长，而且其他耕作措施（如耙地等）都是在这一措施的基础上进行的。深翻耕作具有翻土、松土、混土、碎土的作用。机械深翻耕作的技术实质是用机械实现翻土、松土和混土。

深松耕作是指超过一段耕作层厚度的松土。机械深松耕作的技术实质是通过大型拖拉机配挂深松机或配挂带有深松部件的联合整地机等机具，全方位或行间深层土壤耕作的机械化整地技术，松碎土壤而不翻土、保持土层不乱。通过深松土壤，可在保持原土层不乱的情况下，打破坚硬的犁底层、改善土壤耕层结构，增加土壤耕层深度，起到蓄水保墒、增加地温、促进土壤熟化、提升耕地地力的作用，为作物生长发育创造适宜的土壤环境条件，还能促进作物根系发育，增强其防倒伏和耐旱能力，为作物高产稳产奠定一定的基础。

二、整地

（一）整地的增产效果

为获取鲜食大豆的高产，提高经济效益，必须把土质瘠薄的斜坡地整成土层深厚、上下“两平”、能排能灌的高产稳产农田，把跑水、跑土和跑肥低洼田逐步改造成保水、保土和保肥的“三保田”。

（二）整地的技术要求

1. 上下“两平”，不乱土层　为了使新整农田当年创高产，在整地标准上，首先要求地上和地下达到“两平”。地上平是为了减少雨后径流，防止水土流失，有利于排灌，故应根据水源和排灌方向，保持一定坡降比例，一般是梯田的纵向为0.3%～0.5%，横向为0.1%～0.2%。地下平是要求土层保持一定的厚度，不能一头厚、一头薄或一边深、一边浅。如果土层深浅不等，大豆的生长就会不一致，达不到平衡增产的目的。一般土层深度要求保持在50厘米以上，先填生土，后垫熟土，使熟土层保持在 20～25 厘米为宜。或者采取“两生夹一熟”的办法，即在熟土上垫 3～5 厘米生土，进行浅耕混合，以促进生土熟化。

2. 增施肥料，灌水沉实 为促进土壤熟化，要结合冬春耕地，增施有机肥料，重施氮、磷、钾化学肥料，特别是增施氮素化肥，对大豆发苗增产有重要作用。一般每亩施土杂肥 27 500 千克、标准氮素化肥 30～40 千克、过磷酸钙 40～80 千克、硫酸钾 10～15 千克或草木灰 100～150 千克。

新整农田由于大起大落，土层悬空不沉实，没有形成上松下实的土层结构，气、水矛盾激化。有的在土层内还有许多暗坷垃，透风跑墒，播种的大豆往往因底墒不足落干吊死，造成缺苗断垄；或遇雨水过多，土壤蓄水过大，地温下降，造成芽涝；或土层塌陷，拉断根系，造成弱苗或死苗。因此，在整地后，应采取灌水沉实的办法，使上下悬空的土层上松下实，灌水要在冬季封冻前或早春解冻后进行，灌水过迟，会造成土壤黏实，地温回升慢，影响适期播种和正常出苗。灌水时要开沟、筑埂，以便灌透、灌匀。灌水后及时整平地面，耙平耢细，以利于保墒防旱。灌水量不要过多，以润透土层为宜，以免造成上层板结，影响整地效果。

3. “三沟”配套，能排能灌 新整农田要建成高产稳产田，除结合水利配套设施，搞好排灌系统外，还要抓好“三沟”配套，做到防冲防旱、能排能灌，使沟沟相连，彻底解决雨后“半边涝”和“旱天灌溉”问题。

第三节 克服重茬障碍

一、茬口的概念

从作物种植的衔接方式上说，茬口有正茬、重茬、迎茬之分。一般正茬是指同一地块上，在种植其他作物至少 2 年之后再种植此种作物的倒茬方式。东北大豆产区，一年只种一季农作物，此种大豆的正茬指年度间的轮作，南方则为复种轮作。重茬是指同一地块上，连续 2 年或数年种植同一种作物，如大豆-大豆-大豆。迎茬则是同一地块，第一年种植一种作物，第二年更换种植另一种作物，第三年所种植的作物与第一年相同。换言之，迎茬只是间隔 1 年又种植同一种作物的倒茬方式，如大豆-小麦-大豆。

二、主产区的轮作换茬方式

一般来说，在作物构成中，大豆的种植面积应当控制在33%左右。这样可以使所有的耕地每隔 2 年种一茬大豆。但是，有的大豆主产区，包括南方鲜食大豆种植面积过大，以致造成重茬、迎茬面积增加，造成大豆产量和品质下降。

三、连作的减产效应

在美国，自 20 世纪 70 年代开始有较多的实例说明大豆连作造成了减产。Jeffers（1970）在俄亥俄州比较了大豆连作和轮作的产量。结果表明，2 年轮作的大豆比连作大豆增产 3%，3 年轮作的大豆比连作大豆增产 6%。在伊利诺伊州中部进行的为期 10 年的试验表明，实行玉米-玉米-大豆或玉米-大豆-小麦 3 年轮作的大豆平均单产比连作大豆高 14%。Crookston 等（1991）在明尼苏达州所进行的为期 9 年的试验表明，3 年轮作使大豆和玉米产量分别增加 15%和 17%。在日本，也有大豆重茬即减产 26%的报道。

四、连作障碍机理

（一）土壤微生物区系发生较大的变化

连作土壤真菌的数量明显地多于轮作土壤的真菌数量，其真菌的优势种为可侵染根的镰刀菌。连作促进了真菌的富集，致病的可能性增大。

（二）根系分泌物的作用

通过利用经灭菌的和未经灭菌的连作土壤种植玉米、大豆、向日葵和草木樨 4 种作物，结果发现，连作土壤灭菌基本上解除了玉米和向日葵的连作障碍，而大豆和草木樨的连作障碍虽然有所减轻，但并未完全解除。因而表明，除了微生物区系的变化之外，可能还有其他的障碍因子，如根系分泌物的毒害作用。季尚宁等（1991）用半腐解的大豆残茬浸提液处理已萌动的大豆种子，9 天后测量芽长和鲜重。结果表明，经大豆残茬浸提液处理的大豆芽长（6.33 厘米）比用净水处理的芽长（8.82 厘米）短 2.49 厘米，单株鲜重低 0.112 克（分别为 0.626 克和 0.738 克）。残茬沙培的根系短，呈黄褐色；对照植株的根系长，呈白色。

马泽仁等（1992）在盆栽条件下，用净水浇灌大豆植株，然后将盆土漏下的浇灌液回收、过滤，取上清液用以进行种子发芽试验，得到如下结果。若以苗期回收液处理的种子发芽势和发芽指数为 100％的话，相应地开花期回收液处理的分别为 86.2％和 78.5％，成熟期回收液处理的分别为 72.9％和 66.70％。这说明，在大豆生育中后期，植株体内及相应的土壤内可能存在萌发抑制物质。分析结果证实，生育后期大豆根体内的主要内源抑制物之一是脱落酸。

（三）连作条件下植株体内酶和土壤酶活性的变化

与其他逆境胁迫一样，连作也是一种胁迫。在连作胁迫下，植株体内酶和土壤酶的活性发生较大的变化。超氧化物歧化酶（SOD）是防御活性氧或其他过氧化物自由基对细胞膜伤害的保护酶，具有保护膜结构的功能。据报道，迎茬大豆根部细胞内的 SOD 活性有所提高，表明保护膜免受伤害的能力有所增强；但是，重茬 1 年特别是重茬 5 年的大豆根部细胞内的 SOD 活性却分别降低了 2.08％和 25.82％。由此可知，重茬加快了大豆根部细胞的衰老。

五、克服连作障碍的措施

在南方鲜食大豆产区，由于生产面积的扩大和种植效益的提高，存在着连作障碍现象。具体的克服办法如下。

1. 建立合理的轮作制度　要坚持正茬，减少迎茬，避免重茬。

2. 增施有机肥，保证肥水供应　土壤有机质含量高，重茬大豆减产幅度小。增施有机肥或由收割机将前茬小麦、玉米的秸秆粉碎还田，可培肥地力，减缓重茬带来的危害，配方施肥也具有改善的效果。

3. 选育推广抗病品种　连作减产的重要原因是几种病害的传播和危害，应用抗病品种是防治病害最经济、最安全的措施。

第四节　轮作模式

一、早春鲜食大豆与水稻轮作模式

1. 品种选择　大豆选用浙农系列春季鲜食大豆品种，水稻选用常规优质单季晚粳品种。

2. 茬口安排　大豆于 2 月中下旬至 3 月初育苗移栽或直播，小拱棚栽培可促进鲜荚提早上市，提高鲜食大豆种植效益，6 月初收获。水稻在 6 月中旬直播，10 月下旬至 11 月上旬收获。

3. 主要栽培技术　宜选择土层深厚、疏松肥沃、排灌方便的土壤。

（1）播种。大豆筑畦宽 130 厘米、高 20～25 厘米，穴距 25 厘米、行距 45 厘米，每穴播 3～4 粒，播后覆土厚 2～3 厘米，盖土后每穴施砻糠鸡粪 0.15 千克左右，搭建小棚覆盖薄膜。每亩播种量 5～6 千克。水稻选晴天播种，播种时要求分畦定量、均匀一致，沙性田随整随播，湖泥田隔日播种，常规粳稻每亩用种量 3 千克左右。播种时掌握先稀后补的原则，先播 70%，再用30%补缺、补稀。另准备10%的预备苗，以备严重缺苗。做到不漏播、不重播，播后塌谷落泥不露籽，有条件的覆盖1层油菜籽壳等覆盖物防止鸟害及雨淋。出苗后及时查苗补缺，2叶1心期移密补稀、补缺，保证全田匀苗、个体生长平衡。

（2）种子处理。大豆和水稻均应挑选籽粒饱满、无病斑的种子，确保大豆发芽率90%以上、水稻85%以上。水稻浸种前风选晒种1天，可用25%氰烯菌酯2 000倍液+25%咪鲜胺2 000倍液，或每100千克种子用4.23%甲霜·种菌唑100～150克浸种、拌种，预防水稻干尖线虫病和恶苗病，常规稻浸足48小时，催芽前不得用清水清洗种子。单季晚稻采用自然室温催芽，禁用保温催芽。将麻袋或蛇皮袋放在屋内地上（禁止放在屋檐下日晒），把浸透的种子摊放在麻袋或蛇皮袋上（禁止放在蛇皮袋内），上面覆盖1薄层湿稻草，种子露白前不宜翻动，有80%的种子露白后适当翻动、淋水，根据根长1粒谷、芽长半粒谷的标准调节水、气条件。

（3）化学除草。大豆整地前10天，全面喷施10%草胺膦水剂750毫升，除去田间杂草。出苗后15天左右、杂草3～4叶期，每亩喷洒15%精喹禾灵18毫升加25%氟磺胺草醚13克兑水40千克除草。直播稻田由于前期湿润灌溉，易丛生杂草。播种后1～3天，每亩用稻盛可湿性粉剂36克加水30千克喷雾；播后2～4天晒干田水，每亩用高效氟吡甲禾灵可湿性粉剂60克兑水30千克均匀喷雾，喷药后保持田坂湿润；秧苗2叶1心期灌薄水，每亩用30%丁·苄100～120克拌尿素撒施，保水5～7天。如播后未除草或因故（遇雷雨等）除草效果较差的田块，可在秧苗3～4叶期补治。以稗草为主的田块，每亩用50%二氯喹啉酸可湿性粉剂（杀稗王）50克兑水37.5千克均匀喷雾防治；以千金子为主的田块，每亩用10%氰氟草酯（千金）60～75毫升兑水37.5千克均匀喷雾防治；以阔叶杂草为主的田块，每亩用48%灭草松水剂150毫升兑水37.5千克均匀喷雾防治；杂草混发田块，可用杀稗王加灭草松混合防治。施药前排干田水，药后 2 天复水。

（4）水稻科学管水。播种后 1 叶 1 心期，应露田促立针，做到晴天平沟水、阴天半沟水、雨天排干水，遇暴雨灌寸水护苗，过后及时排干。1 叶 1 心至 3 叶 1 心期，以跑马水湿润灌溉为主，促根深扎。3～5 叶期浅水勤灌促分蘖，其间多次露田。6 叶期前后，每亩苗数达到 20 万株以上时，搁田控制无效分蘖。搁田应以稻株白根外露、人下田有水不沾泥、开裂田不发白、叶色褪淡、叶片直立、叶尖会刺手、分蘖停止为度，然后灌水。孕穗到成熟期应灌好养胎水，田内应保持 3 厘米左右浅水，水稻灌浆后田间灌薄水，待自然落干后再复灌薄水，干干湿湿，以湿为主，一直到收获前 7 天断水，以保持和增强根系活力，以气养根，保叶抗早衰。

（5）施肥。大豆一般在鼓粒期每亩施硫酸钾型三元素复合肥（15∶15∶15）7.2～10 千克。封垄后可用 2%～3%过磷酸二氢钾溶液进行叶面喷洒。直播稻田翻耕前每亩撒施基肥硫酸钾型三元素复合肥（15∶15∶15）25～40 千克（具体根据地力情况而定），耙耕整平，使土肥混合均匀。每亩施尿素 25 千克，比例为基肥∶苗肥∶分蘖肥∶穗肥＝2∶2∶3∶3，苗肥于 2 叶 1 心时施，分蘖肥于分蘖初期施，其中穗肥分促花肥和保花肥 2 次施用，促花肥于拔节期施，保花肥于叶龄余数 1.5 叶时施。同时，适当追肥含锌复合肥 20 千克/亩（含锌量 2%以上，28∶6∶6）、硫酸钾型三元素复合肥（15∶15∶15）12.5 千克/亩，并适当增施磷肥。

（6）病虫草害防治。鲜食大豆防治地老虎、烟粉虱、豆荚螟等虫害，每亩可用氯氰菊酯 20～30 毫升加水 50 千克喷雾防治。直播稻田防治纹枯病、稻飞虱前期每亩喷施敌敌畏 150 克＋拿敌稳 10 克＋吡蚜酮 20 克，中后期每亩喷施优福宽 10 克＋阿维菌素 100 毫升＋拿敌稳 10 克＋极锐吡蚜酮 10 克防治稻纵卷叶螟、纹枯病、稻飞虱，除了与其他常规稻进行同样的病虫害防治外，还需重点注意稻瘟病及稻曲病的防治。因为直播稻分蘖苗数多，中后期田间荫蔽度高，病害容易蔓延，所以在加强农业防治的同时，切实做好药剂防治，在发生期多次每亩用4%井冈霉素水剂150～200毫升或75%肟菌·戊唑醇10～15克兑水50千克喷雾。破口期前5天，每亩喷施20%三环唑120克+4%井冈霉素300毫升，每亩选用75%肟菌·戊唑醇20克，兑水35千克喷雾，防治稻瘟病及稻曲病，这2次打药时间一定要准确掌握。防治二化螟、稻纵卷叶螟也可每亩用20%氯虫苯甲酰胺10～12毫升，或10%阿维·氟酰胺（使用该药应推迟2～3天）30～33毫升。稻飞虱每亩用25%吡蚜酮20克，兑水喷雾。

二、玉米与鲜食大豆轮作模式

1. 品种选择 玉米选用京科糯、天贵糯等。大豆选用浙秋豆系列等。

2. 茬口安排 玉米于3月下旬育苗，4月上旬移栽，6月底至7月初收获。秋大豆于7月中下旬播种，10月中下旬收获。

3. 主要栽培技术 玉米、鲜食大豆均属旱地作物，宜选择土层深厚、疏松肥沃、排灌方便的土壤。

（1）整地施肥。玉米播种前结合翻耕施足基肥，翻耕深度为30厘米左右，基肥每亩施商品有机肥500～1 000千克、硫酸钾型三元素复合肥（15∶15∶15）40～50千克、硼砂0.5千克，筑深沟高畦，畦宽（连沟）2.5米。鲜食大豆每亩施硫酸钾型三元素复合肥（15∶15∶15）10～15千克、过磷酸钙10～15千克、硼砂0.5千克左右作基肥，同时用3%辛硫磷颗粒2～3千克防治地下害虫，畦宽（连沟）1.3米。

（2）种子处理。玉米和大豆均应挑选籽粒饱满、无病斑的种子，确保发芽率达到90%以上。

（3）合理密植。玉米采用育苗移栽方法，在穴盘内播种，一般选择 8×12 孔穴盘，每穴播 1 粒，至 2 叶 1 心移栽。每畦种 4 行，株距为 25 厘米，每亩种植 4 000 株左右；鲜食大豆采用直播，每畦种 3 行，穴距 25 厘米，每穴保证苗 2 株，每亩种植 12 000 株左右。

（4）田间管理。

①破膜揭棚。玉米苗期采用穴盘苗覆盖地膜后加盖小拱棚栽培的，子叶出土后及时破膜放苗，以免烧苗。

②除草。玉米大田在土地平整后，移栽前 10 天，畦面均匀喷雾施田补进行土壤封闭除草。鲜食大豆在播种前，畦面喷雾金都尔封闭除草。

③合理追肥。玉米在施足基肥的基础上，一般在玉米拔节至大喇叭口期追施，每亩追施尿素 15 斤。追施尿素时，可采用条施的方法追肥，也可采用穴施的方法追施，一般要距玉米蔸部 5 厘米左右距离，并且掩盖泥土，避免烧根和流失，还可以采取滴灌施肥的方法或随水追施。大豆一般在鼓粒期每亩施复合肥 7.2～10 千克。封垄后可用 2％～3％过磷酸二氢钾溶液进行叶面喷洒。

④病虫害防治。以农业防治为主，提倡使用物理防治和生物防治的方法，必要时采取化学防治。

玉米主要病害有玉米大斑病、小斑病、青枯病、茎基腐病和丝黑穗病等，主要虫害有玉米螟、黏虫和蚜虫等。玉米大斑病、小斑病可在发病初期，喷洒 20％菌灭克可溶性粉剂 1 000 倍液，75％百菌清可湿性粉剂 800 倍液或 72％锰锌·霜脲 800 倍液加配广大特效王。青枯病目前尚无有效防治措施，但品种间抗性差异极为显著，可选用抗病品种。茎基腐病发病初期用 50％多菌灵可湿性粉剂 500 倍液，或 65％代森锰锌可湿性粉剂 500 倍液，或 70％百菌清可湿性粉剂 800 倍液，或 20％三唑酮乳油 3 000 倍液，或 50％苯菌灵可湿性粉剂 1 500 倍液喷雾防治。发病中期用 98％恶霉灵粉剂 2 000～3 000 倍液灌根。玉米丝黑穗病主要的传染途径有种子、土壤和肥料。从种子萌芽到5叶期，主要是土壤中的病菌侵染幼芽和幼根；5叶后期，则是肥料等外界因素导致发病。因此，播种时必须提前将种子进行包衣处理，而且选用的种衣剂必须内吸性强、残效期较长。包衣剂及用法：用有效成分占种子重量0.07%的粉锈宁拌种；50%矮健素液剂稀释至200倍液浸种12小时，或再加多菌灵、甲基托布津拌种；50%多菌灵可湿性粉剂按种子重量的0.3%～0.7%拌种，或50%甲基托布津可湿性粉剂按种子重量的0.5%～0.7%拌种；也可用五氯硝基苯处理土壤，用高巧、立克莠进行拌种。地下害虫可用0.2%联苯菊酯颗粒剂5千克，或1%联苯·噻虫胺颗粒剂3～4千克拌土行侧开沟施药或撒施。玉米螟可在抽雄前用高效生物杀虫剂苏维士或每亩用10%高效氯氰菊酯乳油10～20毫升喷雾。黏虫每亩可用50%辛硫磷1 500倍液喷雾；大龄期可用0.1%苏维士或每亩用20%氯虫·噻虫嗪（福戈）6～8克兑水45千克喷雾。玉米蚜在大喇叭口期，用10%蚜虱1 000倍液喷雾或10%吡虫啉可湿性粉剂2 000倍液喷雾，或用3%啶虫脒或10%吡虫啉每亩15～20克，兑水50千克喷雾。还可使用毒沙土防治，每亩用40%乐果乳油50毫升，兑水500升稀释后，伴15千克细沙土，然后把拌匀的毒杀土均匀地撒在植株心叶上，每株1克，可兼防兼治玉米螟危害。

大豆主要病虫害有锈病、蛴螬、小菜蛾、蓟马、蚜虫等。大豆锈病用种子重量0.5%的50%福美双，或种子重量0.3%的70%敌克松，或种子重量0.2%的65%福美特，或种子重量0.1%～0.3%的80%乙膦铝，或种子重量0.7%的50%多菌灵，或种子重量0.3%的35%甲霜灵拌种。发病初期喷50%福美双500～800倍液，或75%甲霜灵500～1 000倍液，或77%氢氧化铜1 000倍液，或65%代森锌500～1 000倍液，或72%克露800倍液，或75%百菌清500～800倍液，或69%安克锰锌900～1 000倍液。隔10天喷1次，连续3～4次。防治蛴螬可每亩用50%辛硫磷乳油1 000倍液拌细土25～30千克撒施，或用2.5%高效氯氟氰菊酯乳油1 000倍液喷雾；防治小菜蛾，可用30%茚虫威乳油1 500倍液，或5%氟啶脲（抑太保）乳油1 000倍液喷雾；大豆苗期易被蓟马危害，植株被害后叶片皱缩，症状与病毒病相似，可用60克/升乙基多杀菌素悬浮剂2 000倍液喷雾防治，必须每隔3～4天防治1次，连续防治2～3次；防治蚜虫可用10%吡虫啉可湿性粉剂1 500倍液喷雾。

（5）采收。玉米抽丝期后20～25天即可根据市场行情分批收获。大豆选择豆荚饱满、色泽青绿时采收。

三、春季鲜食大豆与大白菜轮作模式

1. 品种选择　大豆选用浙农系列春季鲜食大豆品种。大白菜选用浙白8号、双耐等。

2. 茬口安排　大豆于4月上中旬播种，6月底至7月初收获。大白菜于7月中下旬播种育苗，8月中下旬定植，10月中下旬收获。

3. 主要栽培技术

（1）地块选择。宜选前1年未种过豆类作物、地势平坦、土层深厚、疏松肥沃、排灌方便的沙壤土为宜。

（2）种子处理。大豆种子应选粒大、整齐、健壮和无病害的种子。大白菜播种前晒种1～2天。

（3）整地施肥。大豆地翻耕后作成宽1.3米（连沟）的畦，施腐熟有机肥2 000千克、硫酸钾型三元素复合肥（15∶15∶15）30千克、过磷酸钙30千克和氯化钾10千克作基肥。大白菜栽培宜深沟高垄，结合整地每亩施商品有机肥500～1 000千克，加过磷酸钙30～40千克、菜饼150～200千克、草木灰100千克。地块耕耙以后，起平畦，畦面宽80～90厘米，畦高20～30厘米，沟宽25～30厘米。

（4）播种。大豆播种参照早春鲜食大豆与水稻轮作模式。大白菜播种畦宽（连沟）1.2～1.5米，行距50～55厘米，穴距35～60厘米，密度为每亩栽2 500～3 500株，每畦种2行。

（5）移栽。大豆采用直播。大白菜一般播后30天，苗高15厘米左右，具5～6片真叶时就可以定植。

（6）田间管理。大豆田间管理参照早春鲜食大豆与水稻轮作模式管理。大白菜播种后发芽期和幼苗期应保持土壤湿润，如遇干旱，应及时浇水；幼苗期结合灌水施提苗肥，每亩施入硫酸钾型三元素复合肥（15∶15∶15）25～35千克，同时可喷施含氨基酸水溶肥料等功能性叶面肥；莲座期结合灌水及时施重肥，保证莲座叶迅速而健壮生长。每亩施尿素8～10千克、硫基复合肥25～35千克，加入硼砂1千克，喷洒0.7%氯化钙与50毫克/千克萘乙酸混合液4～5次。大白菜在结球始期和中期需养分、水分最多。结球初期，每亩施尿素15～20千克、硫酸钾8～10千克。结球中后期，可用0.5%尿素、1.0%磷酸二氢钾液作根外追肥1～2次。叶球生长结实后，应停止灌水，防止因水分过多而叶球开裂，引起腐烂，降低产品质量和产量。

（7）病虫害防治。大豆病虫害参照早春鲜食大豆与水稻轮作模式防治。大白菜病虫害主要有霜霉病、病毒病、软腐病、蚜虫、菜青虫、小菜蛾等。霜霉病防治可用80%代森锰锌可湿性粉剂600～700倍液、72%霜脲·锰锌可湿性粉剂600倍液等在发病初期使用；病毒病防治的关键是早期及时进行蚜虫防治，出苗后至7叶期前，及时消灭蚜虫，发病初期可用20%吗啉胍·乙铜可湿性粉剂500倍液每隔7天防治1次，连续使用2～3次；软腐病防治主要是做好排灌工作，管理时注意减少自然或人为造成的伤口，发病初期喷洒8%宁南霉素水剂800～1 000倍液、20%噻菌酮胶悬剂500倍液等药剂，每7～10天喷1次，连续防治2～3次。蚜虫可用22%氟啶虫胺腈胶悬剂1 500倍液、10%啶虫脒微乳剂2 000倍液等防治；菜青虫、小菜蛾可用5%氯虫苯甲酰胺胶悬剂1 000倍液、240克/升虫螨腈胶悬剂1 500倍液或60

克/升乙基多杀菌素胶悬剂 2 000 倍液等药剂在低龄幼虫期防治。

（8）采收。大豆选择在豆荚饱满、色泽青绿时采收。大白菜待结球状紧实后，一次性采收上市。

四、大棚草莓与鲜食大豆轮作模式

1. 品种选择　草莓选用红荚或白雪公主。大豆选用浙农系列等。

2. 茬口安排　草莓于 4 月育苗，8 月底至 9 月上中旬移栽或移栽前购买商品苗，一般翌年 1 月初至 3 月底收获。鲜食大豆于 4 月上中旬播种，6 月底至 7 月初收获。

3. 主要栽培技术　草莓、鲜食大豆均属旱地作物，宜选择土层深厚、疏松肥沃、排灌方便的土壤。

（1）整地施肥。草莓移栽前结合翻耕施足基肥，翻耕深度为 30 厘米左右，基肥每亩施商品有机肥 500～1 000 千克、硫酸钾型三元素复合肥（15∶15∶15）25 千克，按照垄距（连沟）90～105 厘米的模式耕翻土地起垄。鲜食大豆每亩施硫酸钾型三元素复合肥（15∶15∶15）10～15 千克、过磷酸钙 10～15 千克、硼砂 0.5 千克左右作基肥，同时用 3%辛硫磷颗粒 2～3 千克防治地下害虫，畦宽（连沟）1.3 米。

（2）种苗处理。草莓宜选择株型粗壮、无病虫害的幼苗，摘除老残叶留 1 叶 1 心移栽。鲜食大豆应挑选籽粒饱满、无病斑的种子，确保发芽率达到 90%以上。

（3）合理密植。草莓株距 20～25 厘米，密度为每亩种植 5 000～6 000 株。鲜食大豆采用直播，每畦种 3 行，穴距 25 厘米，每穴保证苗 2 株，每亩种植 12 000 株左右。

（4）田间管理。

①温度和水分。草莓生长温度控制在 20～25℃，当最低温度低于 20℃时，要及时覆盖大棚膜。草莓喜欢较为凉爽湿润的环境，一般在整个生长期每隔 3～5 天进行浇水。

②除草、摘除老叶。草莓一般采用人工拔草，及时摘除老叶和匍匐茎，一般在挂果期后留 8 片真叶。鲜食大豆在播种前畦面喷雾金都尔封闭除草。

③合理追肥。草莓每亩追施复合肥 30 千克、高钾水溶肥 30 千克，均分 3 次施用。第一次在移栽后 1 个月（覆黑地膜前）；第二次在第一茬果结果后转色时；第三次在第一茬果采摘结束后施。大豆一般在鼓粒期每亩施复合肥 7.2～10 千克。封垄后可用 2%～3%过磷酸二氢钾溶液进行叶面喷洒。

④病虫害防治。以农业防治为主，提倡使用物理防治和生物防治方法，必要时采取化学防治。

草莓病虫害一般有白粉病、灰霉病、蚜虫、蓟马、红蜘蛛。白粉病主要危害草莓叶片和果实，叶片起病后形成菌丝体层，叶片轻微卷曲，白色菌丝由白色变为灰白色粉末，果实损伤后不能扩张。防治方法：发病后，每亩可喷洒 29%的绿妃（吡萘·嘧菌酯）悬浮剂 50 毫升兑水 50～70 千克，或 50%硫菌灵可湿性粉剂 1 500 倍液，间隔 10～15 天 1 次，连喷 2 次，能抑制病害蔓延。灰霉病主要危害果实、花卉和花蕾。病害发生后，会产生强烈的灰霉病层。防治方法：发病后，可使用 20%龙克菌（噻菌铜）悬浮剂 500～600 倍液或 50%腐霉利可湿性粉剂 1 500 倍液进行喷雾控制，治疗后应注意通风、保湿，需交替用药，效果很好。蚜虫主要吸收草莓的幼叶、花、心叶和背面的汁液，受影响的叶片卷曲、变形，草莓的生长受到阻碍。防治方法：虫害发生后，可使用 10%吡虫啉可湿性粉剂进行喷雾防治，效果良好。蓟马主要危害草莓的雄蕊、花瓣和幼果，导致受粉不良、果实僵硬或畸形，影响产量和质量。防治方法：虫害发生后，采用 6%阿霉素悬浮液 1 500 倍液或 240 克/升螺旋藻酸乙酯悬浮液 1 500 倍液喷雾防治，效果很好。红蜘蛛主要吸草莓汁，导致叶片变黄脱落，影响产量和品质。防治方法：虫害发生后，可使用 43%联苯肼悬浮液 1 500 倍液进行喷雾防治，效果良好。

大豆主要病虫害有锈病、蛴螬、小菜蛾、蓟马、蚜虫等。大豆锈病用种子重量0.5%的50%福美双可湿性粉剂，或种子重量0.3%的70%敌克松粉剂，或种子重量0.1%～0.3%的80%乙膦铝粉剂，或种子重量0.7%的50%多菌灵粉剂，或种子重量0.3%的35%甲霜灵粉剂拌种。发病初期喷50%福美双可湿性粉剂500～800倍液，或75%甲霜灵粉剂500～1 000倍液，或77%氢氧化铜可湿性粉剂1 000倍液，或65%代森锰锌可湿性粉剂500～1 000倍液，或72%克露粉剂800倍液，或75%百菌清粉剂500～800倍液，或69%安克锰锌粉剂900～1 000倍液。隔10天喷1次，连续3～4次。防治蛴螬可每亩用50%辛硫磷乳油1 000倍液拌细土25～30千克撒施，或用2.5%高效氯氟氰菊酯乳油1 000倍液喷雾。防治小菜蛾，可用30%茚虫威乳油1 500倍液，或5%氟啶脲（抑太保）乳油1 000倍液喷雾。大豆苗期易被蓟马危害，植株被害后叶片皱缩，症状与病毒病相似，可用60克/升乙基多杀菌素悬浮剂2 000倍液喷雾防治，必须每隔3～4天防治1次，连续防治2～3次。防治蚜虫可用10%吡虫啉可湿性粉剂1 500倍液喷雾。

（5）采收。草莓成熟度达70%～80%即可收获上市。大豆选择在豆荚饱满、色泽青绿时采收。

第五节　种植方式和技术

浙江慈溪位于杭州湾南岸、宁绍平原北部，属亚热带季风型气候，又受杭州湾水体的影响，海洋性气候特征比较明显，全年四季分明，气候冬春季寒冷，空气湿润，雨水充足，常年平均气温16.3℃。其中，0℃以上的活动积温5 883.1℃，持续期为357天；≥10℃活动积温为5 092.5℃，持续期为235.6天；≥20℃活动积温为3 316.7℃，持续期128.9天。常年无霜期为243天。大豆是喜温作物，必须在无霜期内栽培。大豆种子发芽的最低温度为6℃，且发芽缓慢，在10～12℃下发芽正常，发芽的最适温度为15～25℃。由于大豆幼苗内含有的可溶性有机物质和糖量较高，故其耐寒性比其他喜温性豆类蔬菜高。出土后真叶出现前的幼苗能耐短时间－4.0～－2.5℃的低温，－5℃时受冻，真叶展开后的幼苗耐寒力减弱。生育期中的适宜温度为20～25℃，温度低，开花结荚延迟，温度降到14℃时，生长发育停止。花芽分化的适温为20℃左右，最低为11℃。开花结荚期的适温为22～28℃，在昼温24～30℃、夜温18～24℃下开花提早，在不低于16℃的环境下开花多，13℃以下不开花，－0.5℃时花朵受冻。昼温超过40℃时，结荚率明显下降。鼓粒成熟期的适温为18～20℃，最低8～9℃。鲜食大豆在生长后期对温度的反应特别敏感，温度过高，则生长提早结束；温度急剧下降或秋霜早来，则种子不能完全成熟，影响产量和品质。秋季如遇短时间霜害使叶片受冻，待气温恢复正常后仍可继续进行鼓粒。未成熟的在－2.5℃下会受害，成熟植株死亡的临界温度为－3℃。生长期间平均温度越高，生长期越短；平均温度越低，生长期就越长。

鲜食大豆为短日照作物，每天只需12小时的光照即可促进开花。根系的生长和吸收活动的最适温度为20～30℃，地温低于13℃时，根系几乎不能吸收硝酸根离子。浙江慈溪目前鲜食大豆面积逾7万亩，其中春季栽培面积大概在5万亩左右，以大面积地膜覆盖栽培为主。夏、秋季栽培面积在2万亩左右，主要以分散小面积栽培。大豆播种季节一般在3月中下旬至7月上中旬，市场供应在6月下旬至10月中旬。笔者经过多年的鲜食大豆早熟新品种引种及两膜（三膜）覆盖技术摸索，最早播种季节可提前至1月底至2月初，市场供应可从5月上中旬开始。利用大棚或是小拱棚可以解决当地由于收获前期受梅雨季节影响导致口感和商品性差的问题，从而大大提高了经济效益。

（一）鲜食大豆春季特早熟覆盖栽培技术

鲜食大豆幼苗期较耐低温，通过育苗移栽和直播2种种植方式，采用大棚＋地膜覆盖或是大棚＋中小拱棚＋地膜覆盖模式进行特早熟栽培，能使采收期较常规露地覆地膜栽培提前 1 个半月以上，使农户获得较高的经济效益。

1. 品种选择　特早熟覆盖栽培以鲜荚和鲜豆仁供应市场，早春由于气温低，导致大豆生育期延长，应选择早熟性好、耐寒性强的品种，一般选择短日照性弱的早熟品种播种或育苗移栽。以耐寒性强、荚壳薄、豆粒饱满、品质佳、出仁率高的青酥 2 号、春丰早、沪宁 95－1、浙农 11 号为好。

2. 整地施肥　为获取高产，必须选好地、早整地和施足基肥。要求土壤肥力充足、深沟高畦。早春多雨水，宜抢晴天及早整地，于播种或是移栽前半个月每亩施硫酸钾型三元素复合肥（15∶15∶15）20～30 千克、菜籽饼 100 千克、钙镁磷肥 10 千克、硼肥 0.25～0.5 千克。若遇水稻土新垦土壤，每亩增施过磷酸钙 15 千克。并进行深耕整地，开沟作畦，要求畦面疏松、平整，“三沟”配套。

种肥对鲜食大豆的胚根和胚轴会造成严重伤害，甚至造成有些种子不能萌发，播种时不能把化肥和种子同时播入土壤。鲜食大豆施肥后必须保证水分供应。如果施肥后水分供应不及时，深施时会造成伤根；表面撒施时，经日晒易散发，肥效对鲜食大豆种植不起作用。鲜食大豆施肥必须考虑品种和株型。对植株高大的品种，进行大肥大水栽培时，必须稀植；否则，轻者造成结荚困难，空秆增加，生育期延长，重者造成倒伏，减产严重。

3. 种子处理　挑选籽粒饱满、无病斑的种子，确保发芽率达到 90%以上，每亩用量一般在 5～6 千克。

4. 茬口安排　分为育苗栽培和直播栽培，育苗栽培一般在 1 月底至 2 月初育苗，直播栽培一般在 2 月上中旬播种。

5. 播种或育苗

（1）育苗移栽。种子播种前深翻耙平后整地起垄作苗床，宽 2 米左右，视墒情播种，当土壤含水量在 65%左右时，将种子撒播于苗床后覆土 1 厘米左右，勿使种子露出地面。在苗床上覆盖规格为 0.014 毫米的无滴膜保温保湿，地膜两边用土覆好，在大棚中育苗。幼苗子叶顶土后及时揭去破膜，以防闪苗。遇低温寒潮，应注意加强抗寒保暖工作，必要时可再加上小拱棚。当棚内温度超过 25℃时，注意通风透气。

以大豆第一片真叶展开时移栽最好，有利于缓苗，豆苗过大不利于成活和后期分枝，影响产量。移栽时要求平均行距 45 厘米左右（连沟），平均株距 25 厘米左右，无论是 8 米大棚还是 6 米大棚，均可不分畦或分 2 畦。一般密度要求每亩在 12 000 株左右，每穴要求保证 2 株苗。移栽时，覆盖地膜后再移栽于大棚中。

（2）直播栽培。大棚平均行距 45 厘米，株距 25 厘米左右，每穴 2～3 粒，每穴保证 2 株苗，一般密度要求每亩在 12 000 株左右。当土壤含水量在 65%左右时，开穴播种，沟深 3～5 厘米，播后覆土，覆盖规格为 0.014 毫米的无滴膜保温保湿，地膜两边用土覆好。

6. 除草　移栽的大豆可选用覆盖黑色地膜，以减少杂草，田沟和大豆移栽处生长的杂草，人工拔除，不建议用除草剂。直播的，破膜时将破膜口用土压实，封闭破膜口，减少杂草生长。另外，地膜两边也要用土压实，防止杂草丛生。对于田沟边的杂草，人工铲锄 1～2 次。

7. 温度管理　早春温度低，尽可能提高棚温，开花结果期注意加强温度管理，气温低时，少开棚通风，尽量闭棚保温，保证大豆顺利开花结果。大豆是自花授粉植物，保障开花结荚所需的温度很重要。

8. 水肥管理　大豆苗期不耐渍，土壤水分过多易烂种。苗期后，水分可以适当增加。整个生育期都要保证供水，促进分枝和开花结荚。开花结荚期不能受旱，否则，豆荚饱满度下降，影响产量和品质。开花前，每亩追施硫酸钾型三元复合肥（15∶15∶

15）10千克；开花后，结合打药追施0.2%～0.3%磷酸二氢钾液。

9. 病虫害防治　早春大豆栽培过程中前期虫害比较少，中后期主要防治蚜虫和棉铃虫。蚜虫防治可以用10%蚍虫啉可湿性粉剂3 500倍液和25%吡蚜酮可湿性粉剂2 000倍液各喷雾1次，间隔7天，避免出现抗药性。棉铃虫可每亩用1%甲维盐乳油40毫升兑水60千克，均匀喷雾1～2次，每7～10天1次。

病害以镰孢根腐病为主，主要危害大豆根部，以苗期危害重，影响植株生长和产量，可以每50千克种子用2.5%咯菌腈悬浮种衣剂100毫升兑水0.3千克均匀拌种预防。

10. 采收　为了保证鲜食大豆的品质和口感，一般应掌握在豆荚饱满、色泽青绿时采收。过早采收，豆荚瘦，产量低；过迟采收会造成豆荚发黄，失去商品价值。为提早上市，可分批采收生长饱满的豆荚，分批上市；也可当豆荚全部饱满后一次性采收上市。采摘时选择籽粒饱满的豆荚，做到无杂质、无叶片、无秕荚等，用干净食品包装袋定量包装后出售。

（二）鲜食大豆春季早熟覆盖栽培技术

鲜食大豆春季早熟覆盖栽培技术一般采用小拱棚+地膜覆盖栽培模式。

1. 品种选择　春季由于气温低，导致大豆生育期延长，应选择早熟性好、耐寒性强的品种，一般选择短日照性弱的早熟品种播育苗移栽。一般选择春丰早、沪宁95-1、浙农11号为好。

2. 整地施肥　为获取高产必须选好地、早整地和施足基肥。要求土壤肥力充足、深沟高畦。一般在1月初深耕25～30厘米，每亩施硫酸钾型三元复合肥（15∶15∶15）20～40千克、菜籽饼100千克、钙镁磷肥10千克、硼肥0.25～0.5千克。若遇水稻土新垦土壤，每亩增施过磷酸钙15千克。

3. 种子处理　挑选籽粒饱满、无病斑的种子，确保发芽率在90%以上，每亩用量一般在5～6千克。

4. 茬口安排 一般采用育苗移栽，育苗栽培一般在 2 月中下旬至 3 月初播种育苗。

5. 育苗移栽 种子播种前深翻耙平后整地起垄作苗床，宽 2 米左右，视墒情播种，当土壤含水量在 65%左右时，将种子撒播于苗床后覆土 1 厘米左右，勿使种子露出地面。在苗床上覆盖规格为 0.014 毫米的无滴膜保温保湿，地膜两边用土覆好，在小拱棚中育苗。

大豆第一片真叶展开时移栽最好，有利于缓苗，豆苗过大不利于成活和后期分枝，影响产量。移栽时要求每畦宽 1.3 米，种 3 行，平均行距 44 厘米（连沟）左右，平均株距 25 厘米左右，一般密度要求每亩在 12 000 株左右，每穴保证苗 2 株。移栽时覆盖地膜后再用小拱棚覆盖。当植株长到即将顶破小拱棚薄膜时及时破膜，以免影响植株长势。

其他栽培管理请参考早春大棚双膜覆盖栽培。

（三）鲜食大豆春季露地覆地膜栽培技术

1. 品种选择 一般选择短日照性弱的中晚熟品种播种或育苗移栽。一般选择浙农 6 号、浙农 8 号、衢春豆系列品种。

2. 整地施肥 要求土壤肥力充足、深沟高畦。一般在 2 月中下旬深耕 25～30 厘米，每亩施硫酸钾型三元素复合肥（15∶15∶15）20～40 千克、菜籽饼 100 千克、钙镁磷肥 10 千克、硼肥 0.25～0.5 千克。若遇水稻土新垦土壤，每亩增施过磷酸钙 15 千克。

3. 种子处理 挑选籽粒饱满、无病斑的种子，确保发芽率在 90%以上，每亩用量一般在 5～6 千克。

4. 茬口安排 分为育苗栽培和直播栽培，育苗栽培一般在 3 月初至 3 月中下旬育苗，直播栽培一般在 3 月中下旬至 4 月初播种。

5. 播种或育苗

（1）育苗移栽。种子播种前深翻耙平后整地起垄作苗床，宽

2米左右，视墒情播种，当土壤含水量在65%左右时，将种子撒播于畦面宽约为1.5米的苗床后覆土1厘米左右，勿使种子露出地面。在苗床上覆盖规格为0.014毫米的无滴膜保温保湿，地膜两边用土覆好，在小拱棚中育苗。

大豆第一片真叶展开时移栽最好，有利于缓苗，豆苗过大不利于成活和后期分枝，影响产量。移栽时要求平均行距45厘米左右（连沟），平均株距25厘米左右，一般密度要求每亩在12 000株左右，每穴保证苗2株，移栽时覆盖地膜。

（2）直播栽培。土地平整后作畦，要求畦宽1.3～1.5米，种3行，平均行距45厘米，株距25厘米左右，每穴2～3粒，每穴保证2株苗，一般密度要求每亩在12 000株左右。当土壤含水量在65%左右时，开穴播种，沟深3～5厘米，播后覆土，覆盖规格为0.014毫米的无滴膜膜保温保湿，地膜两边用土覆好。

其他栽培管理请参考早春大棚双膜覆盖栽培。

（四）鲜食大豆秋季露地覆地膜栽培技术

1. 品种选择 一般选择浙秋豆2号或衢秋系列品种。

2. 整地播种 前茬收获后要及时翻耕土地，要抢墒口地播种，如遇连续高温干旱，则应在播种前浇水，一般在前一天晚上浇透水，第二天清晨播种。秋大豆植株一般比较高大，生长速度快，易徒长，因此要适当控制氮肥用量，苗期以磷、钾肥为主，一般每亩施三元复合肥（15∶15∶15）10千克、钙镁磷肥10千克、硼肥0.25～0.5千克。每亩用种量为5～6千克。

播种出苗后应及早补苗，补苗后如土壤较干旱，还应适当浇水保苗。同时，还应间苗定苗，拔除小苗病苗。

3. 茬口安排 一般采用直播栽培，覆膜后直播，播种时间在6月中下旬至7月上中旬。

4. 中耕培土 早秋季节多雷阵雨，表土易板结，杂草长得较快，需及时进行中耕除草，适量培土，促进前期营养生长。

5. 播种 土地平整后作畦，要求畦宽 1.3～1.5 米，种 3 行，平均行距 45 厘米，株距 25 厘米左右，每穴 2～3 粒，每穴保证 2 株苗，一般密度要求每亩在 12 000 株左右。当土壤含水量在 65%左右时，开穴播种，沟深 3～5 厘米，播后覆土，覆盖规格为 0.014 毫米的无滴膜保温保湿，地膜两边用土覆好。

6. 水肥管理 秋大豆生长期间由于气温较高，开花结荚期每亩追施三元复合肥（15∶15∶15）10 千克。施肥可结合中耕或浇水进行，施肥方法宜采用穴施、畦中间开沟施或浇施，不宜撒施，以避免烧叶。鼓粒期仍需大量营养，鲜食大豆叶片吸收养分能力很强，对氮、磷、钾及微量元素均能吸收，可进行根外追肥，肥效快，用量省。一般以 0.3%尿素和 0.2%～0.3%磷酸二氢钾喷施叶面。

开花结荚期如遇干旱，应及时浇水；否则，易落花落荚。浇水易在傍晚时进行，如遇暴雨，要及时开沟排水，防止涝渍。

其他栽培管理请参考早春大棚双膜覆盖栽培。

第五章 鲜食大豆生产机械化装备

第一节 耕整地机械

耕整地机械化技术是农作物机械化生产的基础，为后续机械化播种、田间管理、收获等作业环节做好准备，对耕作深度、土层深度、平整度、坚实度、土壤肥力都有较高的要求。鲜食大豆耕整地主要包括深翻深松、施基肥、旋耕起垄等作业环节，机械主要包括深翻机械、深松机械、基肥撒施机械、旋耕机械和起垄机械。

一、深翻机械

鲜食大豆生长需要一定的土壤耕层厚度，熟土层以保持在20～25 厘米为宜。深翻作业具有翻土、松土、碎土和混土的作用，一般采用翻转犁进行作业，把前茬作物残茬和失去结构的表层土壤翻埋，将地表肥料、杂草连同表层草籽、病菌和虫卵一起翻埋到沟底，改善土壤理化性状，提高土壤肥力。

1. 总体结构和工作原理 目前，翻转犁按照工作原理可分为机械式、气动式和液压式 3 种。其中，液压式翻转犁应用最为广泛，故本章对液压式翻转犁进行介绍。液压式翻转犁一般由悬挂架、翻转油缸、犁体、限深轮、犁柱、犁架等组成，其结构示意图如图 5－1 所示。工作时，液压式翻转犁挂接在拖拉机后端，拖拉机带动翻转犁前进作业；双联分配器控制犁的翻转，通过液压油缸的伸长和缩短，带动犁架上正反向犁体做水平面内的垂直翻转运动，来回交换直至更换到工作位置。

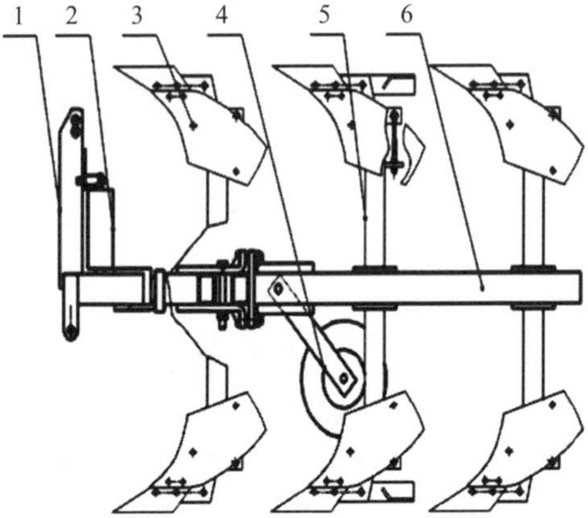

图 5-1　液压式翻转犁结构示意图

1. 悬挂架　2. 翻转油缸　3. 犁体　4. 限深轮　5. 犁柱　6. 犁架

2. 典型机具

马斯奇奥 UNICO-S 液压翻转犁

梁架尺寸（毫米）	110×110
犁体间距（厘米）	85
配套动力（马力*）	50～150
梁下间隙（厘米）	75
犁体数（个）	2～4

二、深松机械

鲜食大豆长期种植后，由于浅耕和大量施用化肥、农药形成了较厚的犁底层和土壤板结，土壤的蓄水保墒能力、通风透气性

* 马力为非法定计量单位。1 马力≈735.5 瓦。

能变差，需要间断性地进行深松作业。深松作业可以疏松耕作层以下 5～15 厘米的坚硬心土，且不翻土、不乱土层。通过深松作业，在不破坏原土层的情况下，调节土壤三相比例，为鲜食大豆生长发育提供适宜的土壤环境条件。目前，较为常用的深松机主要有凿式深松机和粉垄机。

（一）凿式深松机

1. 总体结构和工作原理　凿式深松机一般由圆盘切割刀、圆盘切割机构调整杆、三点悬挂架、凿式深松犁柱、机架、深松铲等组成，结构示意图如图 5－2 所示。凿式深松机的工作部件是由弯曲或倾斜的钢性铲柱和带刃口的三角形耐磨钢铲头组成的深松铲，多个深松铲排列成人字形，耕深可达 30～45 厘米。工作时，三点悬挂接于拖拉机上，随着拖拉机的前进，安装于机架上的深松铲和凿式深松犁柱逐步入土，达到预先设定好的深度；同时，圆盘切割刀跟着机具边滚动前进边切割由凿式深松犁柱拥缠的土壤和杂草等残杂物，使得作业持续有效进行。

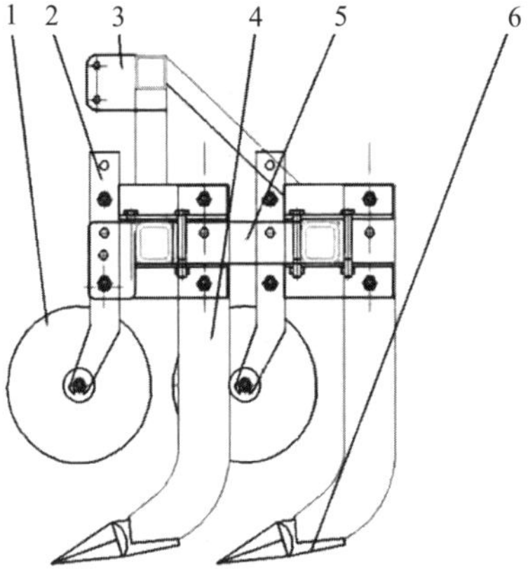

图 5－2　凿式深松机结构示意图

1. 圆盘切割刀　2. 圆盘切割机构调整杆　3. 三点悬挂架
4. 凿式深松犁柱　5. 机架　6. 深松铲

2. 典型机具

双永 1S-230 凿式深松机

耕幅（厘米）	230
深松深度（厘米）	25～30
配套动力（千瓦）	73.5～88.5
纯生产率（公顷/小时）	0.4～0.53
外形尺寸（长×宽×高）（毫米）	1 200×2 750×1 280

（二）粉垄机

1. 总体结构和工作原理 粉垄机一般由机架、换向器、传动箱、粉垄刀等组成，结构示意图如图 5 - 3 所示。工作时，通过三点悬挂式连接到拖拉机上，利用万向轴联轴器进行传动，通过液压缸伸出和收回来控制粉垄刀的入土深度；传动箱中的齿轮两两啮合，换向器的输出轴与中间齿轮直连，再通过齿轮驱动前排立旋刀正转，后排立旋刀反转，从而将松开的土壤同时向上翻动和向后方堆放，实现土壤深松。

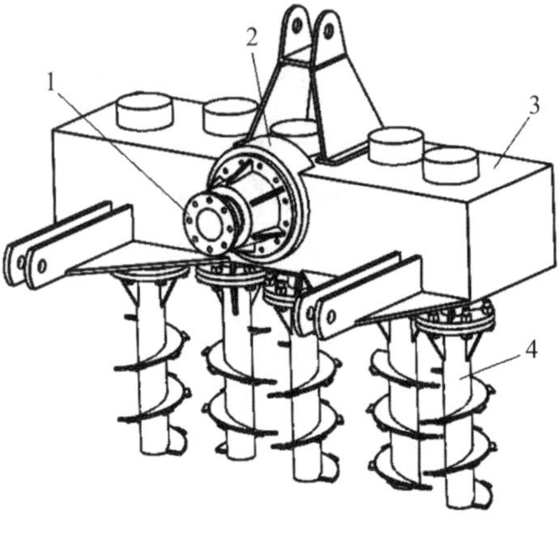

图 5 - 3 粉垄机结构示意图

1. 机架 2. 换向器 3. 传动箱 4. 粉垄刀

2. 典型机具

农丰 ST-05 粉垄机

幅宽（厘米）	120
深松深度（厘米）	15～30
配套动力（千瓦）	50～80
纯生产率（亩/小时）	≥2

三、旋耕机械

鲜食大豆在起垄播种之前一般先进行表面土层旋耕破碎作业，将残茬清除并将化肥、农药等混施于耕作层，达到碎土平地的目的，为后续起垄作业做好准备。目前，鲜食大豆旋耕作业较多地采用微耕机和卧式旋耕机。2 种机械可根据不同地块规模因地制宜地进行选择，微耕机结构紧凑灵活，效率相对较低，适合小地块和简易棚作业；卧式旋耕机作业效率高，需由拖拉机带动，适合大块地和连栋大棚作业。

（一）微耕机

1. 总体结构和工作原理　微耕机大多采用风冷汽油机或水冷柴油机作为动力，一般功率≤7.5 千瓦，皮带或链条式齿轮箱传动，由张紧机构或者挂挡机构实现离合挂挡，配以耕作宽度为 500～1 200 毫米的旋耕刀具，经济性较好，结构较为简单，可用于小地块和简易棚鲜食大豆种植。微耕机一般由发动机、变速箱、扶手、旋耕刀片、挡泥板和阻力棒等组成，结构示意图如图 5－4 所示。工作时，发动机将动力传入变速箱，变速箱通过齿轮啮合将动力进一步传到驱动轮轴，驱动轮轴直接驱动旋耕刀片进行旋耕作业。

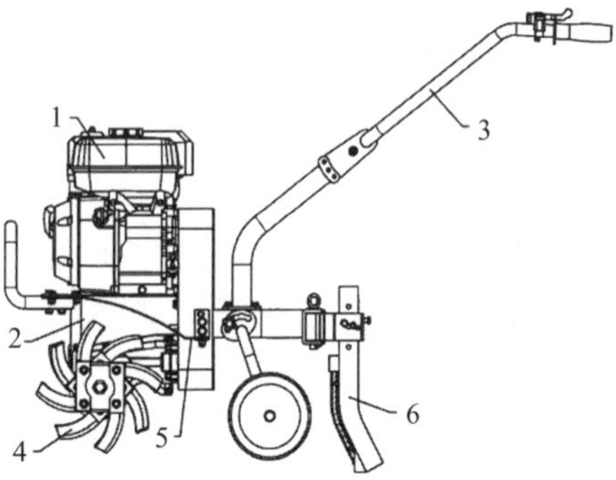

图 5-4　微耕机结构示意图

1. 发动机　2. 变速箱　3. 扶手　4. 旋耕刀片　5. 挡泥板　6. 阻力棒

2. 典型机具

本田 FJ500 微耕机	
最大功率（千瓦）	3.05
工作幅宽（厘米）	90
耕深（厘米）	≥10
重量（不含工作部件）（千克）	60
外形尺寸（长×宽×高）（毫米）	1 395×900×1 080
小时生产率［公顷/（小时·米）］	≥0.04

（二）卧式旋耕机

1. 总体结构和工作原理　卧式旋耕机由传动系统、作业机构和辅助机构三大部分组成，主要包括齿轮箱、侧边传动箱、悬挂架、旋耕刀、刀轴等部件。旋耕刀轴上的旋耕刀按照多头螺旋线形式分布安装，旋耕刀按照形式，分为直角刀、弧形刀、凿型刀、弯刀等，每种刀具具有各自的使用特点，应该根据鲜食大豆不同种植土壤的性质合理选择，结构示意图如图 5-5 所示。工作时，拖拉机通过传动系统传递给旋耕刀轴，旋耕刀轴的旋转方向通常与行进方向一致，通过旋耕刀将土层向后方切削，土壤会因惯性力被抛洒到后方的托板及挡土罩上，使土壤实现进一步的细碎。

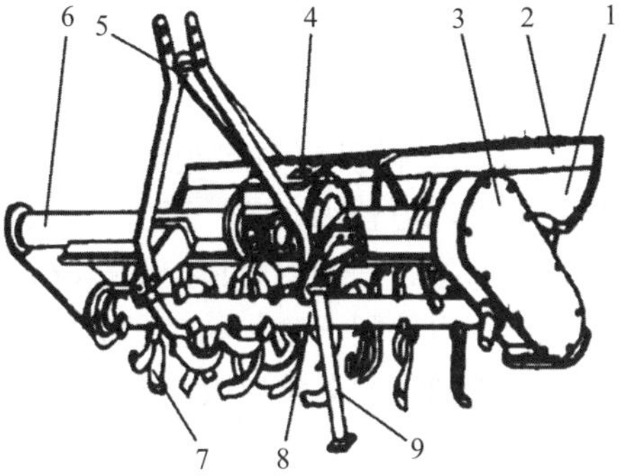

图 5-5　卧式旋耕机结构示意图

1. 挡土罩　2. 平土拖板　3. 侧边传动箱　4. 齿轮箱　5. 悬挂架
6. 主梁　7. 旋耕刀　8. 刀轴　9. 支撑杆

2. 典型机具

拿地 ZS/D 135C 系列旋耕机

装刀数量（个）	1～6
工作幅宽（厘米）	135
配套动力（马力）	45～110
重量（千克）	490
作业深度（厘米）	22

四、起垄机械

南方种植鲜食大豆因雨水多的原因，田块须进行起垄作业，以便于排灌、防旱除涝。起垄还可有效满足鲜食大豆育苗苗床和大田播种对垄面平整度、垄面土壤细度的要求；更可以改善土壤团粒结构，增厚活土层，促使鲜食大豆根系下扎，增加固氮，进而增加鲜食大豆产量，改善质量，实现丰产。目前，起垄机按照配套动力，可分为微耕机配套型起垄机和大中马力拖拉机配套型起垄机，可根据鲜食大豆种植模式和种植规模合理选择。

（一）微耕机配套型起垄机

1. 工作原理 采用微耕机作为起垄机的配套动力，结构较为紧凑轻盈，操作简单，但较为辛苦。工作时，动力传递至刀辊上，刀辊通常在中间部位布置旋耕刀片，两端设有起垄刀片，通过刀辊的转动带动旋耕刀切削土壤，同时起垄刀将切出的土块甩至垄中间区域集中，再利用起垄整形板镇压垄沟的侧边，完成垄形的整理。

2. 典型机具

悦田 YT10 起垄机

起垄高度（厘米）	100～200
垄面宽度（厘米）	450～1 000
动力（马力）	10
外形尺寸（长×宽×高）（毫米）	1 630×700×1 200

（二）大中马力拖拉机配套型起垄机

1. 总体结构和工作原理 大中马力拖拉机配套型起垄机主要由悬挂架、变速箱、旋耕起垄刀轴、防漏耕犁、起垄刀、起垄仿形板和罩壳等部分组成，结构示意图如图 5－6 所示。工作时，起垄机通过三点悬挂连接在拖拉机后端，动力由动力输出轴传递至变速箱，经减速后驱动旋耕起垄刀轴旋转，固定在刀轴上的起垄刀旋转直接击碎泥土，从而起到旋耕松土的作用；同时，起垄刀在两边呈螺旋分布，刀片旋转时将泥土推向中间并在仿形起垄板的作用下形成垄，从而完成起垄作业。

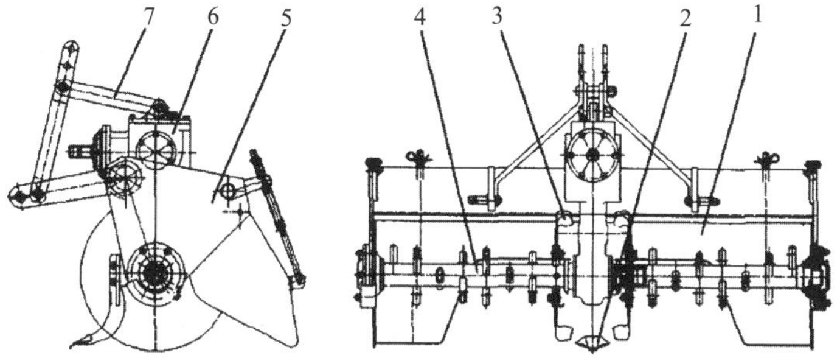

图 5-6　大中马力拖拉机配套型起垄机结构示意图
1. 起垄仿形板　2. 防漏耕犁　3. 起垄刀　4. 旋耕起垄刀轴
5. 罩壳　6. 变速箱　7. 悬挂架

2. 典型机具

成帆 1ZKNP-120 起垄机

畦距（厘米）	≥120
畦顶宽（厘米）	80～100
畦高（厘米）	20～30
工作效率（亩/小时）	3～5
外形尺寸（长×宽×高）（毫米）	1 700×1 400×1 300

五、基肥撒施机械

鲜食大豆在播种前需要施足基肥，在整地前施入田间，满足种植需要。根据鲜食大豆施肥技术，基肥一般以复合肥、菜籽饼、钙镁磷肥、硼肥为主。根据肥料形态，在实际应用中，鲜食大豆基肥撒施机械主要包括离心圆盘式撒肥机、手扶式履带撒肥机和自走式有机肥撒施机。

（一）离心圆盘式撒肥机

1. 总体结构与工作原理　离心圆盘式撒肥机一般由肥料箱、驱动器、排肥量调节控制杆、排肥筒、排肥量控制器等组成，结构示意图如图 5－7 所示。工作时，肥料箱内的肥料在搅拌器的作用下流到转动的排肥筒，肥料在离心力的作用下以接近正弦波的形状均匀撒开，施肥宽度可调。

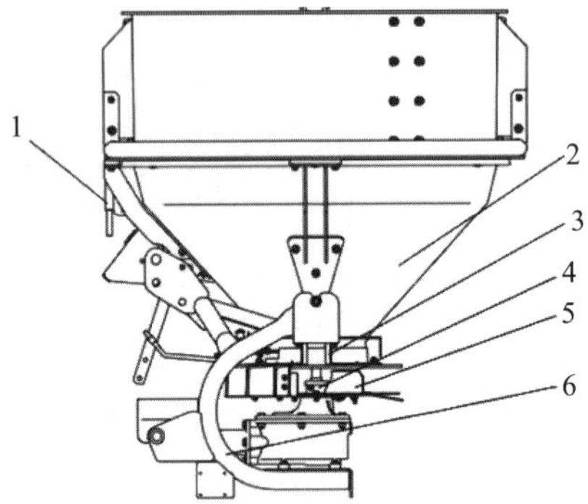

图 5－7　离心圆盘式撒肥机结构示意图

1. 排肥量调节控制杆　2. 肥料箱　3. 排肥量控制器
4. 驱动器　5. 排肥筒　6. 弯管架

2. 典型机具

佐佐木 CMC500 撒肥机

配套动力（千瓦）	33.0～51.5
肥箱容量（升）	500
最大作业宽度（米）	5
作业速度（千米/小时）	2～15
外形尺寸（长×宽×高）(毫米)	4 000×1 500×1 600

（二）手扶式履带撒肥机

1. 总体结构与工作原理　手扶式履带撒肥机一般由机架、行走系统、肥料箱、操作台、绞龙螺杆输肥机构、转料盘等组成，结构示意图如图 5－8 所示。工作时，操作人员将肥料箱填满，通过操作台控制撒肥机运行，减速机带动绞龙螺杆旋转输送肥料至转料机体处，启动打散电机转动转料盘匀速撒料，适合鲜食大豆的大棚种植模式。

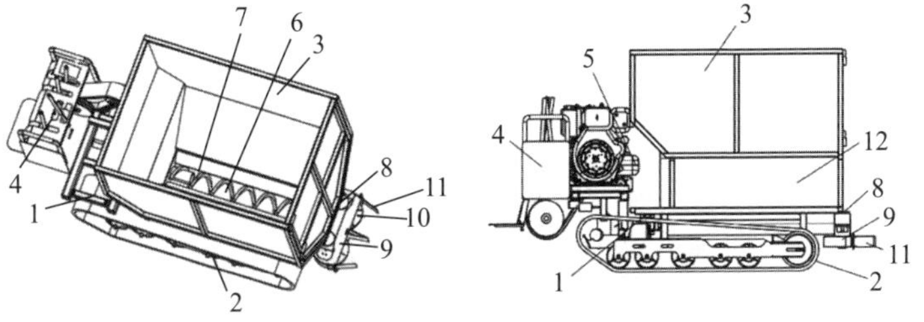

图 5－8　手扶式履带撒肥机结构示意图

1. 机架　2. 行走系统　3. 肥料箱　4. 操作台　5. 减速机　6. 出料通道　7. 绞龙螺杆输肥机构　8. 打散电机　9. 转料机体　10. 转料盘　11. 导向板　12. 收紧面板

2. 典型机具

天盛 2FZGB-0.5CA 手扶式履带撒肥机

肥料斗容积（米³）	0.5
撒播幅宽（米）	8～10
配套动力（千瓦）	8.5
重量（千克）	620
作业速度（米/分钟）	6～10

（三）自走式有机肥撒施机

1. 总体结构与工作原理　自走式有机肥撒施机一般由肥料箱、撒肥装置、撒肥范围调整装置、升降板、履带底盘、柴油机、传动系统和撒肥控制装置等组成，具体结构示意图如图 5－9 所示。动力由柴油机提供，转向机构为液压转向，动力由链条传到变速箱经过变速换向后传递给撒肥装置。工作时，肥料通过链板输肥机构向后输送，落至撒肥装置上，撒肥圆盘高速旋转将肥料均匀撒至田中，撒肥控制装置可根据需肥量控制肥箱末端升降板调节出肥口开度，实现定量施肥。

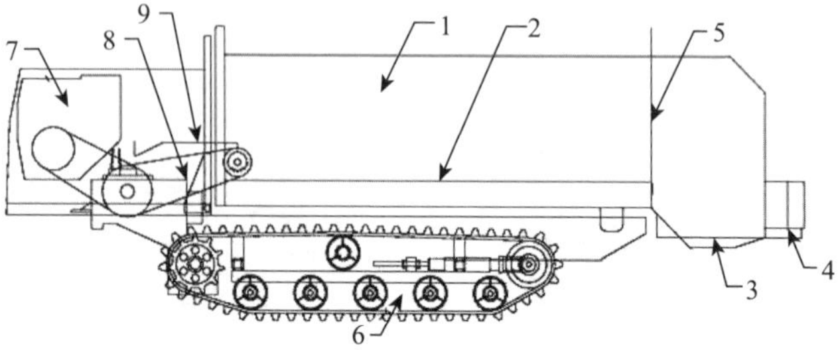

图 5-9　自走式有机肥撒施机结构示意图

1. 肥料箱　2. 链板输肥机构　3. 撒肥装置　4. 撒肥范围调整装置　5. 升降板　6. 履带底盘　7. 柴油机　8. 传动系统　9. 撒肥控制装置

2. 典型机具

天盛 2FZGB 自走式撒肥机

肥料斗容积（米^3）	1～6
撒播幅宽（米）	6～12
配套动力（马力）	60
重量（千克）	3 300
外形尺寸（长×宽×高）（毫米）	4 200×1 850×2 000

第二节　播种机械

鲜食大豆机械化精量播种是机械化生产环节中的重要组成部分，需按照农艺要求，在播种农时期间，能够按精确的粒数、间距和播深将种子播入孔穴中，播下的种子要求每穴粒数相等，从而获得良好的生长发育条件。播种深度一般以 4 厘米产量最高，多雨年份播种深度以 3 厘米为好，干旱年份则以 5 厘米为好。每穴 2～3 粒，每穴保证 2 株苗，一般密度要求每亩在 12 000 株左右。

一、手推轮式播种机

手推轮式播种机，结构巧妙、机动灵活、单人操作、使用方便、价格便宜，打孔、下种、盖种、破膜一次完成，适合小地块和间作套种鲜食大豆的播种。但总的来说，存在劳动强度大、工作效率低的问题。

1. 总体结构与工作原理　手推轮式播种机一般由扶手、行走轮、储种箱、排种嘴、传动系统等组成，结构示意图如图 5-10 所示。工作时，扶手推动小车前行，储种箱不转动，排种嘴旋转；滚刷滚动刷去多余的种子，实现精确排种。

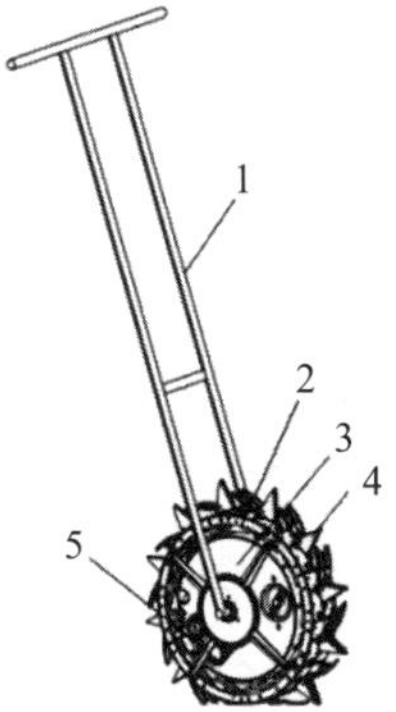

图 5-10　手推轮式播种机结构示意图

1. 扶手　2. 行走轮　3. 储种箱　4. 排种嘴　5. 传动系统

2. 典型机具

源泰牌 手推轮式播种

扶手长度（厘米）	105
播种深度（厘米）	3.5～6.5
种箱（千克）	3
滚轮直径（厘米）	45

二、机械式播种机

鲜食大豆机械式播种机按照排种器结构，可分为锥盘式、水平圆盘式、立式复合圆盘式和勺轮式。机械式播种机的共同特点是由转动的排种器型孔盘带动种子落入输种管，从而达到精密播种的需求。

1. 总体结构与工作原理 机械式播种机一般由限深轮、机架、悬挂架、肥箱、种箱、镇压轮、传动链条、排种器、覆土器和开沟器等组成，可一次完成开沟施肥、开种沟、播种、覆土、镇压等工序，其结构示意图如图 5－11 所示。工作时，播种机通过悬挂架连接到拖拉机后端，由拖拉机带动播种机前行；排肥器将肥料施在肥沟中实现深层分层施肥，排种器将种箱的种子经过开沟器均匀地落入种沟，并通过覆土器将种子和肥料覆盖起来；镇压轮将播完的种肥进行仿形镇压，确保播种后的保水保墒。

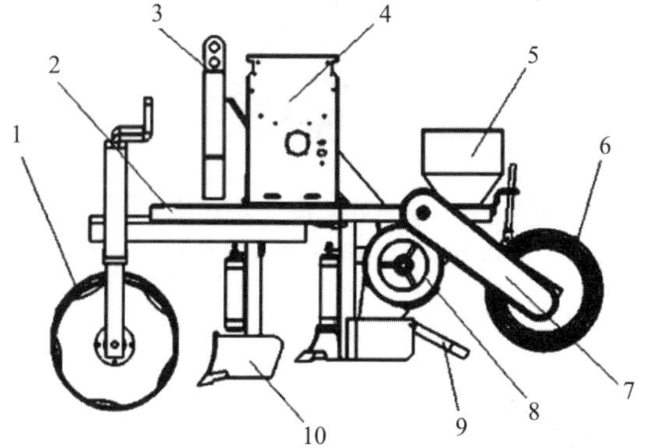

图 5－11　机械式播种机结构示意图

1. 限深轮　2. 机架　3. 悬挂架　4. 肥箱　5. 种箱　6. 镇压轮　7. 传动链条　8. 排种器　9. 覆土器　10. 开沟器

2. 典型机具

海轮王 2BJG-4 播种机

配套动力（马力）	≥30
播种深度（厘米）	3～5
种下施肥深度（厘米）	3～7
适应速度（千米/小时）	5～7

三、气力式播种机

气力式播种机根据其工作原理，主要分为气吹式、气压式和气吸式 3 种，具有较好的通用性，不伤种子，对种子外形尺寸要求不严，可以大大提高播种速度，应用日益广泛，是播种机械的发展方向。

1. 总体结构与工作原理　气力式播种机一般由镇压轮、覆土器、四杆仿形结构、气力式排种器、圆盘开沟器、风机、滑刀开沟器、地轮等组成，其结构示意图如图 5－12 所示。工作时，拖拉机带动播种机前进，圆盘开沟器转动开沟，由气力式排种器排出的种子从导种管进入种沟内，经覆土器覆土，随后镇压轮将种子压实。

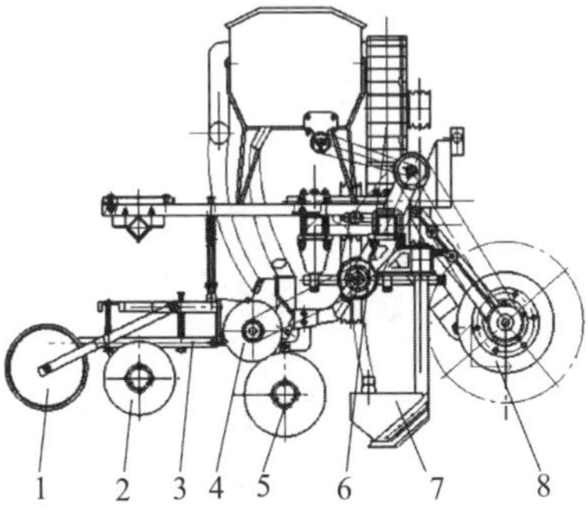

图 5－12　气力式播种机结构示意图

1. 镇压轮　2. 覆土器　3. 四杆仿形结构　4. 气力式排种器　5. 圆盘开沟器　6. 风机　7. 滑刀开沟器　8. 地轮

2. 典型机具

顺源 2BMQ-6 气吸式播种机	
配套动力（马力）	100～120
播种深度（厘米）	3～8
种箱容积（升）	50
工作效率（亩/小时）	40～58

四、免耕精密播种机

保护性耕作技术被视为可实现农业可持续发展的重要技术，是对传统耕作方式的重大变革。免耕播种机是其最重要的配套机具，可以实现前茬作物秸秆不处理直接播种，减少劳动量，节省时间，降低劳动力成本。

1. 总体结构与工作原理 免耕精密播种机一般由清秸防堵装置、施肥装置、播种器和地轮等组成，结构示意图如图 5-13 所示。工作时，播种机通过三点悬挂与拖拉机连接；清秸防堵装置将播种带内的根茬秸秆切断、清除，清理出干净的播种带；地轮为施肥装置和排种器提供动力，完成施肥、播种作业；最后覆土镇压装置完成已播地的覆土和镇压作业，保证种子与土壤紧密接触，为种子的发芽提供充足的水分和养分，提高出苗率。

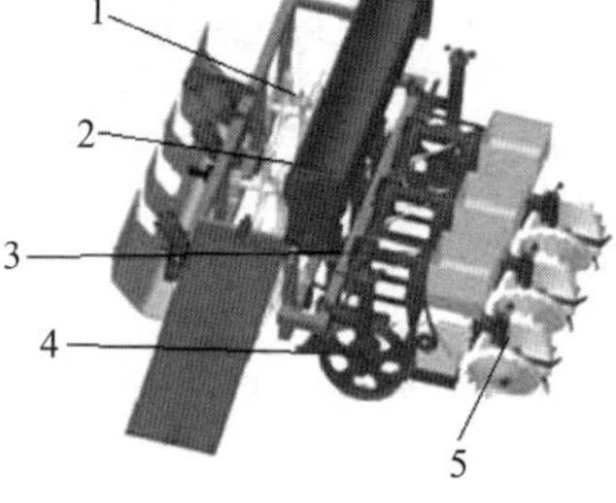

图 5-13 免耕精密播种机结构示意图

1. 清秸防堵装置 2. 施肥装置 3. 播种器 4. 地轮 5. 镇压轮

2. 典型机具

鑫乐兴隆 2BMQF-4/8 免耕播种机

配套动力（马力）	35～40
作业幅宽（厘米）	121
种下施肥深度（厘米）	3～5
适应速度（千米/小时）	2～5

第三节　田间管理机械

鲜食大豆播种之后需要各种田间管理，为鲜食大豆生长、丰收创造良好条件。鲜食大豆田间管理主要包括追肥、中耕除草、病虫防治等作业环节，涉及相关的机械主要包括施肥机械、除草机械和植保机械。

一、施肥机械

鲜食大豆在整个生长过程中通过根部汲取营养成分，以供给各个部位生长发育的需要。因此，鲜食大豆在播种后，需要及时追施化肥，增强地力，使鲜食大豆达到增产的目的。目前，追施化肥采用施入根侧地表以下和根外施肥（叶面肥）的方式，一般采用手扶式微型施肥机、中耕施肥机和喷雾器，现有机型基本能满足作业要求。

（一）手扶式微型施肥机

1. 总体结构与工作原理　手扶式微型施肥机一般由发动机、机架、行走轮、驱动轮、扶手、排肥器和肥料箱等组成，结构示意图如图 5－14 所示。工作时，发动机的动力传递给驱动轮，驱动轮转动进而带动机具向前运动，驱动轮除了驱动机具前进外，还与变速箱连接，动力经过减速后通过链传动带动外槽轮式排肥器运转，实现施肥作业。

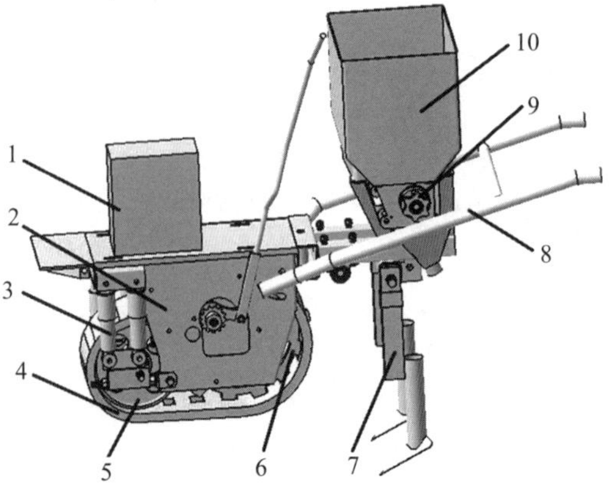

图 5－14　手扶式微型施肥机结构示意图

1. 发动机　2. 机架　3. 弹簧减振装置　4. 履带　5. 行走轮
6. 驱动轮　7. 开沟器　8. 扶手　9. 排肥器　10. 肥料箱

2. 典型机具

雷力 手扶式微型施肥机	
配套动力（千瓦）	4.2
工作效率（亩/小时）	1
外形尺寸（长×宽×高）（毫米）	1 100×745×900

（二）中耕施肥机

1. 总体结构与工作原理　中耕施肥机一般由覆土器、施肥开沟器、施肥开沟器支架、排肥器、肥箱、三点悬挂装置、机架和地轮等组成，结构示意图如图 5－15 所示。工作时，中耕施肥机通过三点悬挂装置连接到拖拉机后端，拖拉机带动中耕施肥机前进，地轮通过与地面摩擦力转动带动排肥器，肥料通过肥管施在之前施肥开沟器开在跟侧的沟里，最后进行覆土，完成中耕施肥作业。

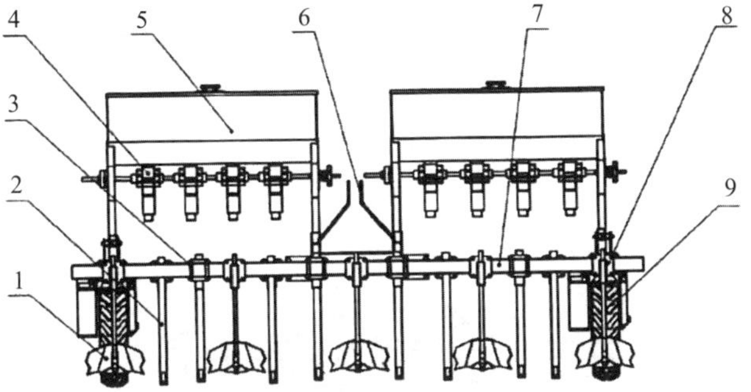

图 5-15　中耕施肥机结构示意图

1. 覆土器　2. 施肥开沟器　3. 施肥开沟器支架一　4. 排肥器
5. 肥箱　6. 三点悬挂装置　7. 机架　8. 施肥开沟器支架二　9. 地轮

2. 典型机具

石家庄农机 3ZF-6 中耕追肥机

配套动力（千瓦）	40～73
单个肥箱容量（升）	70
工作深度（毫米）	30～120
作业速度（千米/小时）	7～10
外形尺寸（长×宽×高）（毫米）	4 600×1 730×350

（三）喷雾器

常用的喷雾器有背负式喷雾器、电动喷雾器、担架式（推车式）喷雾器、静电喷雾器等，将在植保机械这部分中进行详细介绍。

二、中耕除草机械

（一）行间除草机

1. 总体结构与工作原理　行间除草机一般由地轮、机架、传动系统、梳齿、双翼铲和单翼铲等组成，结构示意图如图

5－16 所示。作业时，与拖拉机配套，由地轮对整机仿形，并将动力传递给传动系统，再通过一对锥齿轮带动梳齿转动完成行间除草，可调压缩弹簧对梳齿进行单行微仿形并保证梳齿入土能力；单翼铲进行垄帮除草和松土，双翼铲进行垄沟除草和松土。

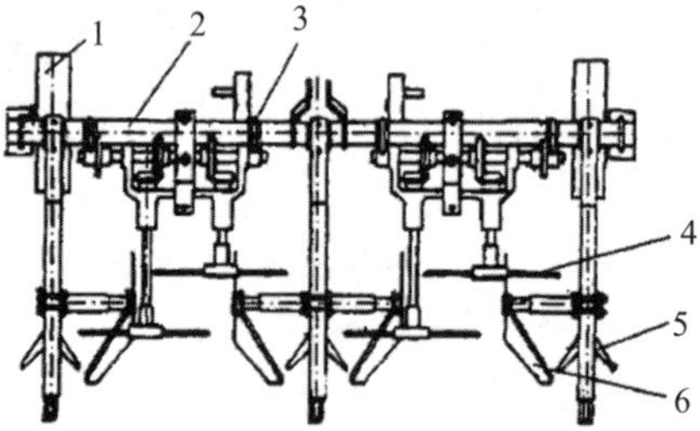

图 5－16　行间除草机结构示意图

1. 地轮　2. 机架　3. 传动系统　4. 梳齿　5. 双翼铲　6. 单翼铲

2. 典型机具

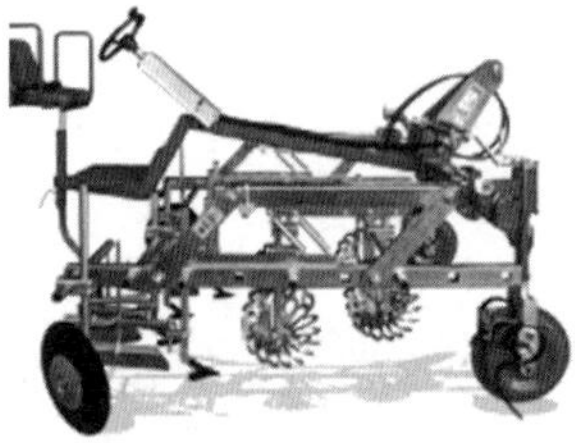

意大利 OLIVER 中耕除草机

直径尺寸（厘米）	26～50
行距尺寸（厘米）	30～100
作业幅宽（毫米）	240～520

（二）株间除草机

1. 总体结构与工作原理　株间除草机一般由相机、主控箱、固定机架、横移机构、株间锄草手、仿形机构、测速单位、行间锄草刀和导向轮等组成，结构示意图如图 5－17 所示。工作时，利用机器视觉技术获取田间苗草信息，实现农作物苗株定位，主控箱控制锄草手清除苗间杂草且准确避开农作物苗株。

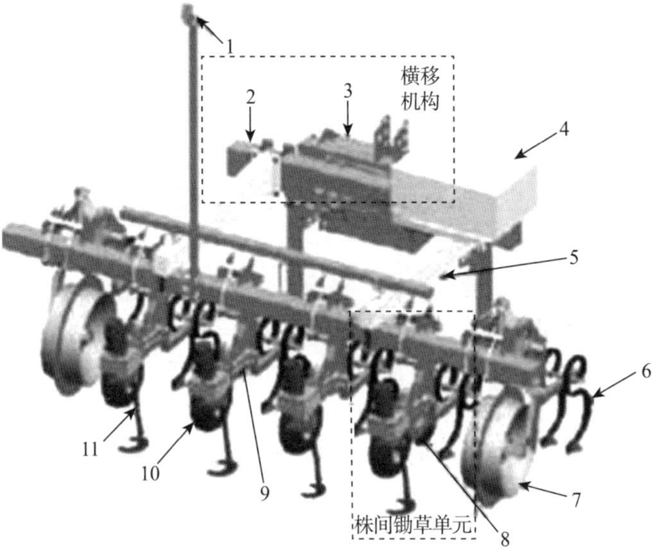

图 5-17　株间除草机结构示意图

1. 相机　2. 横移机架　3. 固定机架　4. 主控箱　5. 机架　6. 行间锄草刀　7. 导向轮　8. 测速单元　9. 仿形机架　10. 仿形轮　11. 株间锄草手

2. 典型机具

博田 智能锄草机

配套动力（马力）	80～90
锄刀定位精度（毫米）	≤10
杂草去除率（百分比）	80
作业速度（千米/小时）	2
耕深（毫米）	10～20

三、植保机械

鲜食大豆在生长发育过程中，经常遭受病虫害，影响最终的产量和质量。鲜食大豆生产上常年发生的病虫害有 100 多种，其中造成严重损失的有 20 余种，如根腐病、病毒病、褐斑病、霜霉病、食心虫等，需及时防治。目前，农作物病虫害的防治方法很多，如化学防治、生物防治、物理防治等，化学防治是农民使用最主要的防治方法。植保机械能将一定量的农药均匀喷洒在目标作物上，可以快速达到防治和控制病虫害的目的。目前，常用的植保机械有背负式喷雾机、喷杆式喷雾机和植保无人机等。

（一）背负式喷雾机

1. 总体机构与工作原理 背负式喷雾机一般由汽油机、药箱、风机和喷洒部件等组成，喷雾性能好，适用性强，其结构示意图如图 5－18 所示。工作时，汽油机带动风机叶轮旋转产生高速气流，在风机出口处形成一定压力，其中大部分高速气流经风机出口流入喷管，少量气流经风机一侧的出口流经药箱上的通孔进入进气管，使药箱内形成一定的压力，药液在压力的作用下经输液管调量阀进入喷嘴，从喷嘴周围流出的药液被喷管内的高速气流冲击形成雾粒喷洒出去，完成作业。

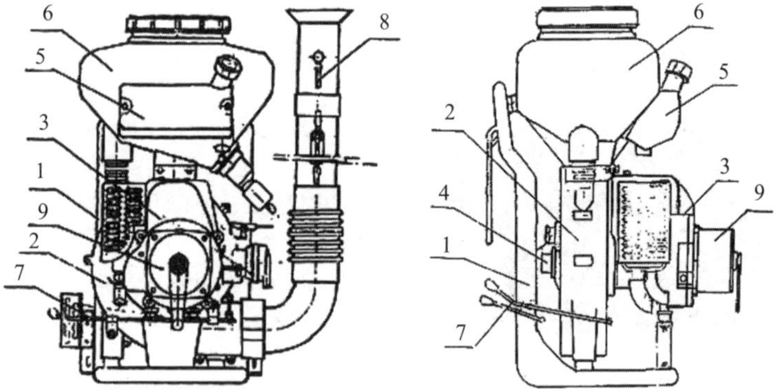

图 5－18 背负式喷雾机结构示意图

1. 机架 2. 风机 3. 汽油机 4. 水泵 5. 油箱
6. 药箱 7. 操纵部件 8. 喷洒部件 9. 起动器

2. 典型机具

永佳 3WF-700G 背负式喷雾机

配套动力（千瓦）	2.65
药箱容积（升）	20
射程（米）	≥16
包装尺寸（毫米）	530×440×830

（二）喷杆式喷雾机

1. 总体结构与工作原理　喷杆式喷雾机一般由行走动力底盘、转向系统、药箱、喷杆升降系统、喷杆折叠系统和驾驶室等组成，作业效率高，喷洒质量好，广泛用于大田作物病虫害防治，其结构示意图如图 5－19 所示。工作时，发动机驱动液压泵，液压泵驱动行走马达使喷雾机前行和后退；喷杆在调节机构作用下可以实现喷杆升降、折叠、展收等动作；发动机带动液泵转动，药液从药箱中吸出并以一定的压力，经分配阀输送给搅拌装置和各路喷杆上的喷头，药液通过喷头形成雾状后喷洒。

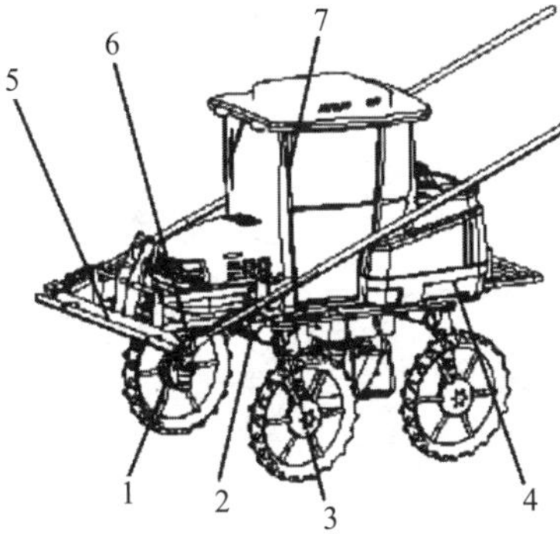

图 5－19　喷杆式喷雾机结构示意图

1. 行走动力底盘　2. 轮距可调系统　3. 转向系统
4. 药箱　5. 喷杆升降系统　6. 喷杆折叠系统　7. 驾驶室

2. 典型机具

永佳 3WSH-500 喷杆式喷雾机	
配套动力（千瓦）	16
药箱容积（升）	500
喷洒幅度（米）	12.2
工作效率（亩/小时）	80～120
整机尺寸（长×宽×高）（毫米）	4 000×1 800×2 700

（三）植保无人机

1. 总体结构和工作原理 植保无人机一般由电池、电机、飞行桨、机架、控制系统、药箱、喷头等组成，其结构示意图如图 5－20 所示。工作时，操作人员将无人机飞行到指定作业区域上空或者自主飞行，打开无线遥控开关，液泵通电运转，将药箱中的药液通过软管输送到喷头喷出；无线遥控开关控制继电器的通断，能及时地控制液泵的工作状态，从而能实现对防治对象喷洒，对其他作物少喷或不喷，合理有效地提高了农药的利用率。植保无人机具有作业效率高、单位面积施药量少、自动化程度高、劳动力成本低、安全性高、快速高效防治、防控效果好、适应性强等优点。

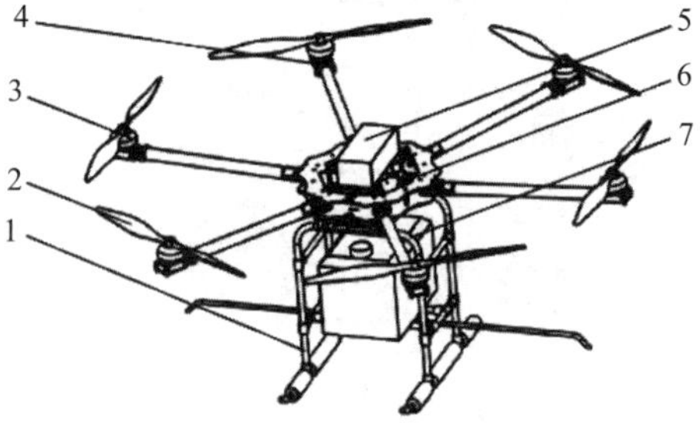

图 5－20 植保无人机结构示意图

1. 机架 2. 飞行桨 3. 电机 4. 喷头 5. 电池 6. 控制系统 7. 药箱

2. 典型机具

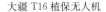

大疆 T16 植保无人机	
最大功率（千瓦）	5.6
药箱容积（升）	15
喷洒幅度（米）	4～6.5
作业飞行速度（米/秒）	7
整机尺寸（长×宽×高）（毫米）	2 520×2 212×720

第四节　收获机械

鲜食大豆收获作业量大、强度高，收获作业量占整个生产作业量的40%以上，鲜食大豆实现机械化收获可以提升生产效率2倍以上，而我国的鲜食大豆机械化水平依旧很多，大部分还是以人工收获为主，导致鲜食大豆收获“人工成本高”和“用工荒”问题突出，生产成本增高，实现鲜食大豆机械化收获越来越迫切。因此，本节将国内鲜食大豆收获机研究现状和典型机具进行介绍，并提出鲜食大豆机械化收获技术发展建议。

一、鲜食大豆脱荚机

（一）研究现状

辽宁省农业机械化研究所设计了5MDZJ-380-1400型鲜食大豆脱荚机，主要由机架、喂入机构、脱荚滚筒、发动机、传动系统和风机等组成，结构示意图如图5-21所示。工作时，发动机提供总动力，鲜食大豆植株在喂入机构的带动下进入脱荚滚筒的上方，脱荚滚筒上的胶指通过旋转作用把豆荚及茎叶从植株上捶打下来，落入滚筒下方输送带上，风机把茎叶排出，豆荚落入豆荚输出带。

农业农村部南京农业机械化研究所设计了5TD60型鲜食大豆脱荚机，主要由机架、电机、风机、输送夹持装置、脱荚辊组等组成，结构示意图如图5-22所示。工作时，人工将单株鲜食大

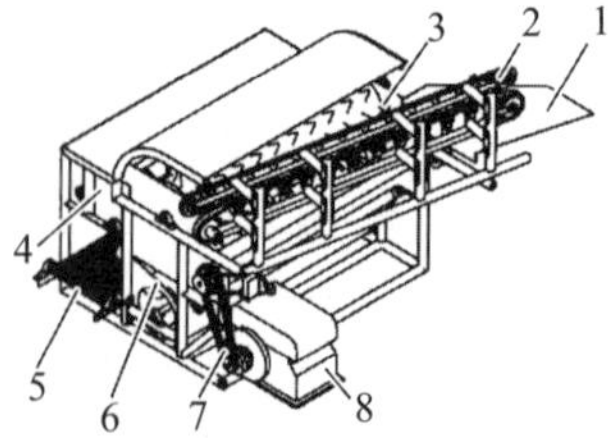

图 5-21　5MDZJ-380-1400 型鲜食大豆脱荚机结构示意图

1. 机架　2. 喂入机构　3. 脱荚滚筒　4. 发动机
5. 传动系统　6. 风机　7. 豆荚输出带　8. 茎叶排出口

豆植株茎秆根部置于夹持输送机构中，鲜食大豆植株逐渐进入上、下两脱荚辊之间，在拍捋作用下，豆荚从茎秆上被采摘脱落。

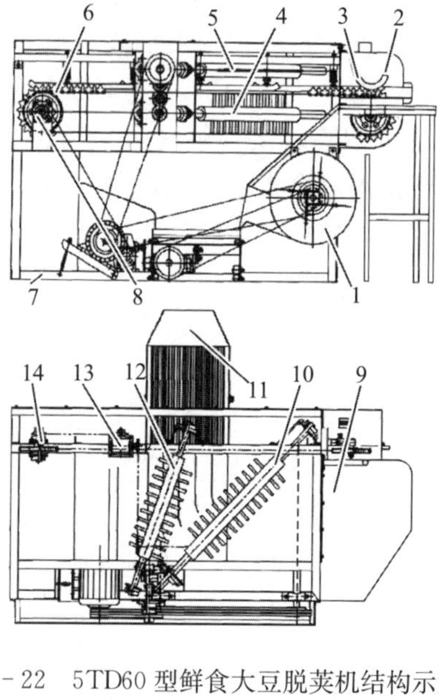

图 5-22　5TD60 型鲜食大豆脱荚机结构示意图

1. 风机　2. 进料口　3. 压料杆　4. 下脱荚辊　5. 上脱荚辊
6. 输送夹持装置　7. 机架　8. 电机　9. 集料台　10. 前脱荚辊组
11. 清选筛　12. 后脱荚辊组　13. 减速机　14. 驱动链轮

（二）典型机具

辰海 MG 系列型鲜食大豆脱荚机

配套动力（千瓦）	4.05
最小离地间隙（厘米）	20
整机质量（千克）	468
整机尺寸（长×宽×高）（毫米）	3 230×1 165×1 195

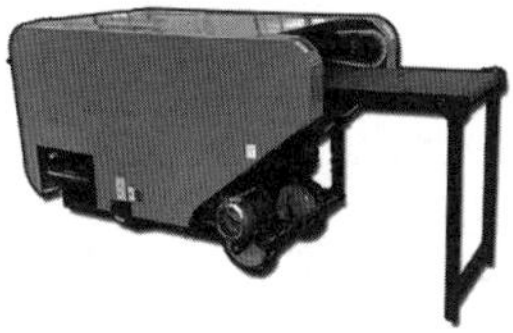

众达机械 KC-800 鲜食大豆脱荚机

脱荚率（百分比）	≥98
破损率（百分比）	≤1
功率（千瓦）	4.5
工作效率（千克/小时）	400

二、鲜食大豆联合收获机

（一）研究现状

浙江省农业机械研究院设计了弹齿角度可调鲜食大豆收获机，主要由履带底盘、柴油机、导入辊、采摘滚筒、输送装置、清选装置、集料筐等组成，结构示意图如图 5－23 所示。工作时，柴油机提供动力，由液压马达驱动履带底盘向前行走，导入辊把鲜食大豆植株导入至采摘滚筒前下端，采摘滚筒上的采摘弹齿旋转把植株上的豆荚和茎叶捋下来，豆荚和茎叶随着滚筒旋转抛入输送装置中，输送装置把豆荚和茎叶输送至清选装置进行清选，茎叶被排出，豆荚掉入集料筐中，完成收获作业。

河南农业大学设计了自走式鲜食大豆收获机，主要由捡拾装置、采摘滚筒、输送装置和储运箱等组成，结构示意图如图 5－24 所示。工作时，收获机向前行驶，采摘滚筒逆时针旋转，带动柔性弹齿从下向上挑过整棵植株，将豆荚和细小枝叶从植株摘下；随着滚筒的旋转，摘下的豆荚和枝叶在弹齿的带动作

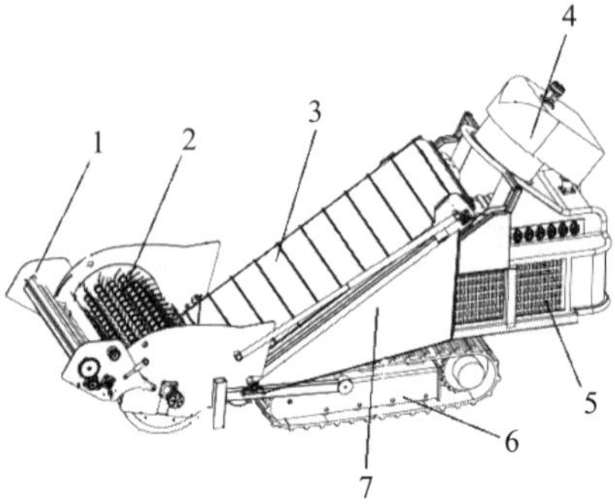

图 5-23 弹齿角度可调鲜食大豆收获机结构示意图

1. 导入辊 2. 采摘滚筒 3. 输送装置
4. 清选装置 5. 集料筐 6. 履带底盘 7. 柴油机

用下向后运动，最后被甩到后面的输送带上，并运送到滚动筛上被除去大杂，之后在风机的作用下除去小杂物，最后进入储运箱，完成鲜食大豆收获作业。

图 5-24 自走式鲜食大豆收获机结构示意图

1. 仿形轮 2. 捡拾装置 3. 采摘滚筒 4. 高度调节系统 5. 驾驶室
6. 输送装置 7. 滚轴筛 8. 风机 9. 储运箱 10. 动力系统

浙江大学设计了小型鲜食大豆收获机，主要由拨禾轮、弹齿式采摘滚筒、传动带、输送带、旋耕机、收集箱等组成，结构示意图如图 5-25 所示。工作时，动力由旋耕机提供，拨禾轮逆时针转动将鲜食大豆植株卷入拨禾轮和弹齿式采摘滚筒之间，随着收获机向前推进和弹齿式采摘滚筒顺时针方向转动，从而使弹齿从下往上挑过整棵植株，将豆荚从植株上摘下；随着弹齿式采摘滚筒顺时针方向转动，摘下的豆荚在弹齿的带动下向后转动，最后被甩到后面的输送带上并输送到收集箱中；后面的旋耕刀对植株进行翻耕，最后完成整个收获过程。

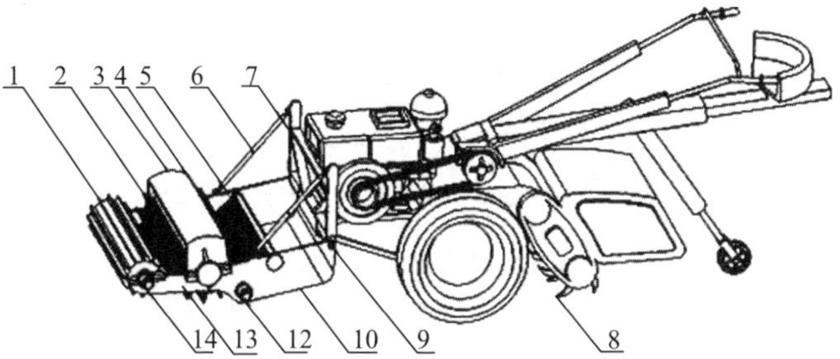

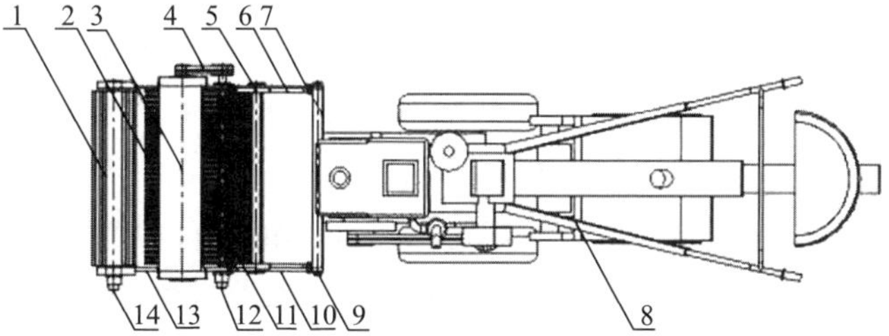

图 5-25　小型鲜食大豆收获机结构示意图

1. 拨禾轮　2. 弹齿式采摘滚筒　3. 弹齿式采摘滚筒护罩　4. 传动带　5. 输送带　6. 液压伸缩杆　7. 支撑架　8. 旋耕机　9. 连接杆　10. 收集箱　11. 输送带主轴　12. 第二液压马达　13. 机架　14. 第一液压马达

河北雷肯农业机械有限公司设计了自走式二次风选鲜食大豆收获机，主要由行走机构、收割机构、仓斗、拨茎辊、鼓风机、吹风道和筛网组成，结构示意图如图 5-26 所示。工作时，行走机构带动收割机构将田地中的鲜食大豆进行收割，然后经过传送装置传递给采摘装置；采摘装置将豆荚从植株上摘下并通过绞龙送入采摘装置下方的出豆口处；鼓风机吹出的高压气流通过吹风道从出风口处向上喷射，高压气流经过筛网将杂质吹飞，豆荚落入仓斗内；由于设置了鼓风机，可以使吹风道内的高压气流对豆荚进行二次风选，将重量轻的杂质吹飞，杂质进一步被清选。

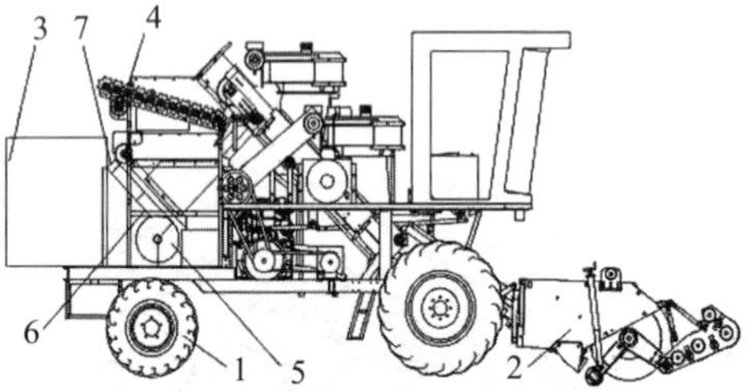

图 5-26　自走式二次风选鲜食大豆收获机结构示意图

1. 行走机构　2. 收割机构　3. 仓斗　4. 拨茎辊　5. 鼓风机　6. 吹风道　7. 筛网

河北雷肯农业机械有限公司还设计了一种鲜食大豆自动收获机，主要由行走系统、收集筐、风机、筛选装置、采摘滚筒、导入装置、仿形轮和输送装置等组成，其结构示意图如图 5-27 所示。工作时，行走系统前行，导入装置将鲜食大豆植株输送至采摘滚筒中；采摘滚筒将豆荚及其茎叶脱离从而实现采摘，倾斜的采摘齿将豆荚与杂质抛向输送装置；当豆荚与杂质经过风机时，负压将采摘的杂质吸离干净，筛选装置对杂质进行筛选，杂质中的豆荚重新掉入输送装置，减少损失率；分离后的豆荚进入收集筐，茎叶排出机器落入田间。

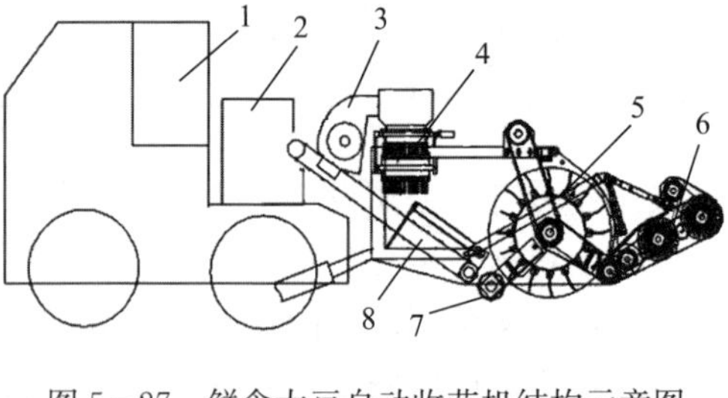

图 5-27　鲜食大豆自动收获机结构示意图

1. 行走系统　2. 收集筐　3. 风机　4. 筛选装置
5. 采摘滚筒　6. 导入装置　7. 仿形轮　8. 输送装置

海门市万科保田机械制造有限公司设计了鲜食大豆联合收获机，主要由割台、犁刀、夹持器、辊刀式采摘器、底盘、清洗箱等组成，结构示意图如图 5-28 所示。工作时，机器前行，犁刀入土掘松植株根部土壤，限深轮随地面的起伏上下浮动实现仿形挖掘；夹持器夹住植株轻松拔起后往后输送，根部的泥土被敲泥杆击落还田；豆萁后移到 C 点处时，上夹持器释放，下夹持器夹住根部并继续往后输送；在到达 B 点处，采摘器开始第一次采摘，再往后，辊刀式采摘器进行第二次采摘；采摘完成后，秸秆被下夹持器抛出还田，豆荚和茎送至清选箱由振动筛分选；豆荚下落到底仓，由输送绞龙送往收集仓，茎叶由风机吹出还田。

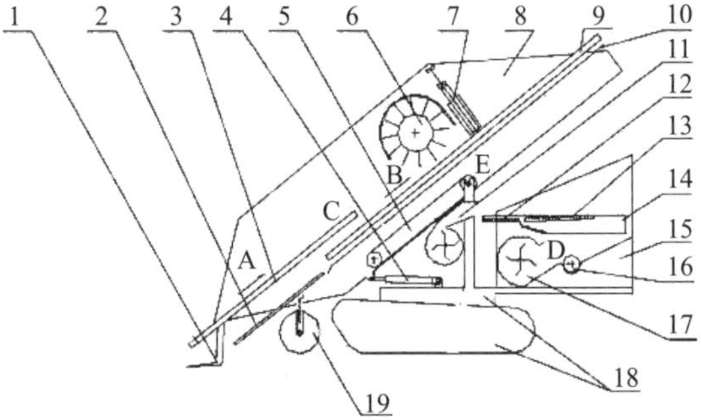

图 5-28　鲜食大豆联合收获机结构示意图

1. 犁刀　2. 敲泥杆　3. 上夹持器　4. 油缸　5. 输送带
6. 滚筒式采摘器　7. 辊刀式采摘器　8. 割台　9. 下夹持器
10. 导泥槽　11. 1 级风机　12. 齿形板　13. 齿形筛网　14. 振动筛
15. 清洗箱　16. 输送绞龙　17. 2 级风机　18. 底盘　19. 限深轮

（二）典型机具

亿卓 4TD-16 鲜食大豆收获机

采摘宽度（毫米）	1 600
工作状态尺寸（长×宽×高）（毫米）	5 200×2 200×2 700
功率（千瓦）	63
工作效率（公顷/小时）	≥0.12

雷肯 4YZ-MD 自走式鲜食大豆收获机

采摘宽度（毫米）	2 200
工作状态尺寸（长×宽×高）（毫米）	8 080×2 630×3 380
功率（千瓦）	103
行走速度（千米/小时）	0～20

谷耘丰 4YZ-MD1500 自走式鲜食大豆收获机

工作幅宽（毫米）	1 500
外形尺寸（毫米）	7 000×1 900×3 100
功率（马力）	80
行走速度（千米/小时）	0～20

三、鲜食大豆机械化收获技术发展建议

1. 加强鲜食大豆农艺种植规范和农机农艺融合研究 鲜食大豆农艺种植规范与收获机作业性能有很大的关系，如品种、垄宽、垄高、行距、株距等，两者相辅相成。此外，在鲜食大豆生产过程中，整地、播种、田间管理等作业环节是否配套也影响收获机的作业性能。因此，在未来的研究中，应该对鲜食大豆农艺种植参数规范化，选育适合机收的鲜食大豆品种，加强农机农艺融合，提高各个环节机具作业的匹配度，形成鲜食大豆机械化作业技术模式。

2. 加强对鲜食大豆植株性状和物理机械特性研究 以主要鲜食大豆品种为研究对象，对其豆荚、豆叶与茎秆的基本物理参数和物理机械特性进行研究，为采摘、清选等执行部件的设计提供参考依据，减少收获过程中鲜食大豆的损失率和损伤率，将其控制在农户可接受的范围内，主要包括：①测量豆荚性状、大小以及豆荚植株高度、摘荚高度等物理参数；②豆荚受力和变形、破裂的关系及测定连接力；③豆荚茎叶混合物空气动力学特征，建立混合物在有限气流场中的悬浮速度模型。

3. 加强机械结构的优化设计 在满足机械性能的前提下，

设计结构简单、紧凑、通用性好的收获机型，最大限度地降低制造成本，减少农户的经济压力，以满足广大的市场需求；同时，现代机械设计理论和方法为问题的解决提供了途径，CAD/CAE软件的运用、优化理论的研究，为进行机械的运动学、动力学仿真提供了技术平台，以达到优化机械结构的目的。

4. 提升收获机智能化水平　目前，鲜食大豆的收获作业环节较为复杂，单一的机械结构形式和较低的智能化程度无法满足作业要求。近年来，随着微电子技术的兴起，导航定位技术、传感器技术、机器视觉技术都得到了快速发展，将机械系统和电气控制、液压控制或气动控制结合起来，实现鲜食大豆柔性采摘、采摘高度自动调节、自主导航定位、作业参数实时监测和智能测产等功能，将损失率和损伤率降低，并大大提高作业效率。

第五节　加工机械

目前，传统食品加工处于向现代化生产转型的关键时期，鲜食大豆加工也是一样，鲜食大豆传统加工工艺与现代设备的结合可以提高生产效率，也迎合新时代市场的消费需求，让鲜食大豆加工生产焕发新活力。

一、风选机械

从田间收获的鲜食大豆，一般都掺杂有杂草、叶片、秸秆、空荚和瘪荚等杂质，需要进行清选。人工清选劳动强度大，效率低，而鲜食大豆风选机可以实现快速清选。

1. 总体结构和工作原理　鲜食大豆风选机一般由入料斗、提升机、鼓风机、主风箱、出杂口、出料口等组成，其结构示意图如图 5－29 所示。工作时，将鲜食大豆倒进入料斗，通过提升机的输送带将物料送入主风箱，物料从风筒落入低处，此处的杂草、叶片、秸秆等杂物由鼓风机吹入出杂口，风选后的鲜食大豆豆荚从出料口排出，得到较为纯净的鲜食大豆豆荚。

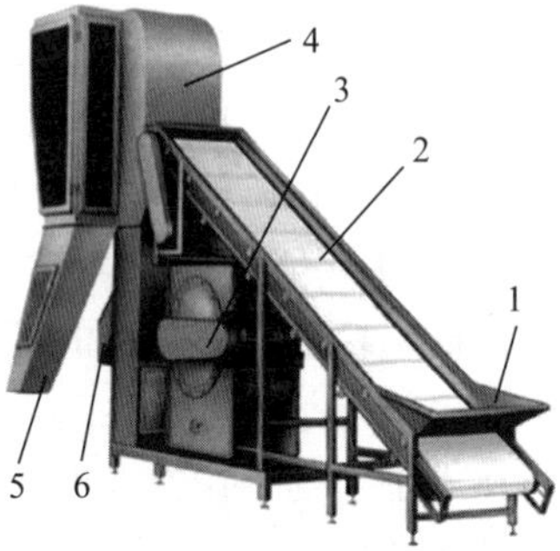

图 5－29　鲜食大豆风选机结构示意图

1. 入料斗　2. 提升机　3. 鼓风机　4. 主风箱　5. 出杂口　6. 出料口

2. 典型机具

耀邦牌鲜食大豆风选机

处理量（吨/小时）	1.5
功率（千瓦）	4～11.5
重量（千克）	500
外形尺寸（长×宽×高）（毫米）	5 000×1 445×3 000

二、清洗机械

鲜食大豆清洗是其加工中一个必要的环节，鲜食大豆清洗一般是清洗掉其表面的泥沙、浮生、农药残留等，为后续的其他加工提供干净的鲜食大豆。目前，市面上较多的清洗机主要为气泡式清洗机和毛刷式清洗机。

（一）气泡式清洗机

1. 总体结构和工作原理　气泡式清洗机一般由输送带、机架、排水口、输送网带、喷气管和风泵等组成，其结构示意图如图 5－30 所示。工作时，利用风泵产生气泡，不同压强和大小的气泡涌入清洗槽，使得清洗槽内的清洗剂分层，相邻层间的摩擦和移动引起鲜食大豆的翻滚，气泡在鲜食大豆表面溃灭产生强大的瞬时压强和高速微射流，去除表面的农药残留和泥沙杂质。

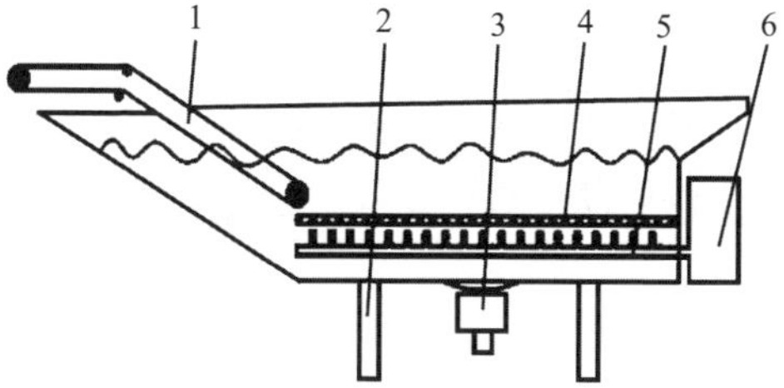

图 5－30　气泡式清洗机结构示意图

1. 输送带　2. 机架　3. 排水口　4. 输送网带　5. 喷气管　6. 风泵

2. 典型机具

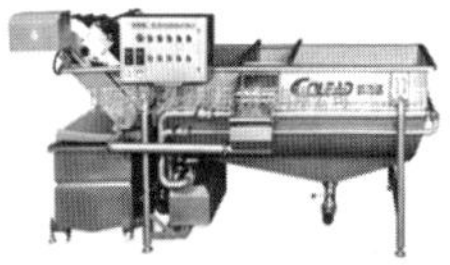

瑞帆 WQS-CL-3840-FB 气泡式清洗机

气泡装置功率（千瓦）	1.5
水总容量（米^3）	1.26
工作效率（千克/小时）	2 000
整机尺寸（长×宽×高）（毫米）	3 480×1 510×1 540

（二）毛刷式清洗机

1. 总体结构和工作原理　毛刷式清洗机一般由机架、毛刷辊电机、减速皮带轮、PLC 控制系统、水泵电机、毛刷辊转动链、多排交错式喷淋机构、勺型毛辊组合清洗槽、出料口装置等组成，其结构示意图如图 5－31 所示。工作时，物料倒入清洗槽内，开启水流控制阀门，水流通过多排交错式喷淋机构上均布的多个喷淋头喷出，对物料表面污渍起到冲洗效果；通过触摸式液晶显示 PLC 控制系统设定控制物料清洗所需毛辊转速及运行时间，实现一键清洗；清洗完成后打开出料门，物料在斜坡效应及螺旋组合毛刷辊作用下向清洗槽右部出口输送，完成自动卸料。

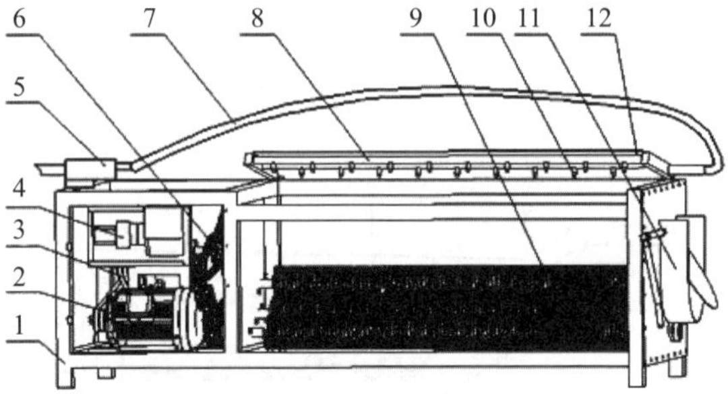

图 5-31 毛刷式清洗机结构示意图

1. 机架 2. 毛刷辊电机 3. 减速皮带轮 4. PLC 控制系统 5. 水泵电机 6. 毛刷辊转动链 7. 水管 8. 多排交错式喷淋机构 9. 勺型毛辊组合清洗槽 10. 喷嘴 11. 出料口装置 12. 有机玻璃防溅盖板

2. 典型机具

奥鑫 MG-1800 毛刷式清洗机

气泡装置功率（千瓦）	5.5
工作效率（千克/小时）	1 000～3 000
整机尺寸（长×宽×高）（毫米）	2 500×820×820

三、漂烫机械

鲜食大豆加工的关键环节是鲜食大豆的漂烫，经过漂烫的鲜食大豆能减少酶的活性，防止鲜食大豆发生褐变，提高细胞膜的透性，使其干燥的速度变快，还能起到杀菌的作用。

1. 总体结构和工作原理 网带式漂烫机一般由上网带总装、下网带总装、电机、底架和水槽等组成，结构示意图如图 5-32 所示。工作时，上下两层网带使物料在两层网带的夹持下浸润在水中前进，漂烫时间可以根据不同需求进行调节，漂烫机运行过程中自动往水槽里面添加水，使水位保持在设定水位线上。

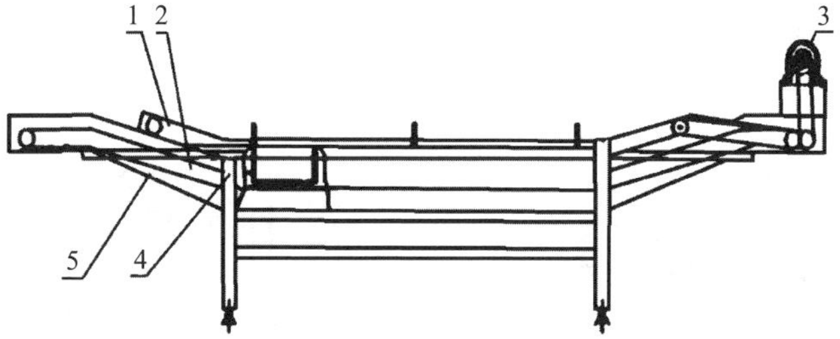

图 5-32　网带式漂烫机结构示意图

1. 上网带总装　2. 下网带总装　3. 电机　4. 底架　5. 水槽

2. 典型机具

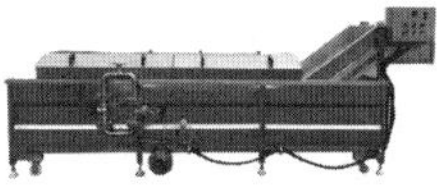

强大机械网带式漂烫机

功率（千瓦）	5
净重（千克）	1 000
整机尺寸（长×宽×高）（毫米）	5 000×1 450×1 250

四、剥壳机械

鲜食大豆加工中最费时费力的一个环节就是剥壳。目前，鲜食大豆剥壳主要还是采用人工剥壳的方式，存在效率低、卫生难以控制、品质不能保证等问题。因此，通过机械剥壳能实现鲜食大豆的快速高效剥壳，省时省力。

1. 总体结构与工作原理　鲜食大豆剥壳机一般由机架、振动上料机构、激振电机、V 带传送、筛分传动组件、主电机、轧辊去壳装置、导向组件、筛分机构等组成，其结构示意图如图 5-33 所示。工作时，待剥壳的鲜食大豆经上料机构按一定方向逐个进入轧辊去壳装置；轧辊去壳装置通过挤压作用将鲜食大豆的豆仁和豆壳分离，豆壳穿过轧辊间隙从设备前方滑出，去壳的豆仁和少数遗漏的未剥壳的鲜食大豆则落入筛分机构，在振动筛网的作用下，剥好的豆仁从筛网孔落入滑道后进入收集盒，未完成剥壳的鲜食大豆从筛网后端落入收集盒以便于人工重新上料或胶带自动上料。

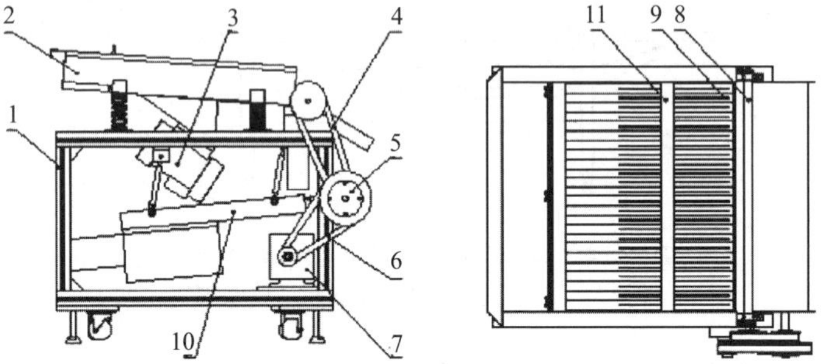

图 5-33　鲜食大豆剥壳机结构示意图

1. 机架　2. 振动上料机构　3. 激振电机　4. 二级 V 带传送
5. 筛分传动组件　6. 一级 V 带传送　7. 主电机　8. 轧辊去壳装置
9. 导向组件　10. 筛分机构　11. 防重叠刮板

2. 典型机具

精工牌 JG-S75 鲜食大豆剥壳机

功率（千瓦）	3.25
净重（千克）	200
整机尺寸（长×宽×高）（毫米）	2 100×780×850
工作效率（千克/小时）	400

3. 剥壳机优化方向

（1）上料口自动调节设计。根据鲜食大豆的大小、干湿等情况，鲜食大豆在皮带轮上的摩擦力不同，上料口的大小影响上料数量，进一步影响剥壳效率和剥净率。现在的上料口为手动调节，每次需要用扳手调节螺栓和螺母固定，费时费力，设置自动调节装置，实现上料口的快速调节，改善上料控制情况，提高上料效率。

（2）上料自动分拣装置设计。鲜食大豆通常有单豆仁、双豆仁和三豆仁，其长短存在较大差异，在后续的进料和喂入环节最好能差异处理，进料导向板的凹槽过大会使单豆仁鲜食大豆无法垂直进入轧辊组件进而破损，橡胶轧辊和剥壳轧辊之间的距离过大会导致单豆仁鲜食大豆的漏剥。因此，分拣装置能有效区别分离出鲜食大豆的大小类型，分别进行剥壳，减少破损漏剥率。

（3）进料导向板仿形设计。为了使鲜食大豆能单颗准确垂直地进入轧辊组件，进料导向板已经采用了凹槽、挡板和挡条，但还是有部分鲜食大豆在喂入口出现重叠现象，需要对进料导向板进行进一步的仿形设计。根据鲜食大豆的形态、长宽高，制定更为弹性的挡条和挡板，能够确保鲜食大豆喂入的准确性。

（4）轧辊组件可调式设计。轧辊组件已经实现了纵向间隙的可调，根据鲜食大豆的不同厚度进行调节，分拣后的鲜食大豆按照不同的轧辊间隙进行剥壳。同时，增加轧辊组件的横向可调，即橡胶轧辊和剥壳轧辊的间隙可调，使分拣后的鲜食大豆能够按照不同的长度批次进行剥壳，提高鲜食大豆的剥壳成功率。

（5）清选装置孔径设计。清选筛网设置有密密麻麻的圆形小孔，当从轧辊组件掉落的豆仁及漏剥的鲜食大豆经过时，小孔孔径大于豆仁长度，豆仁会从小孔通过，落入豆仁收集框，而鲜食大豆由于长度大于小孔孔径，因此通不过小孔，从小孔面板滑落至漏剥收集框。在实际试验中，还存在部分漏剥鲜食大豆落入豆仁收集框，部分豆仁落入漏剥收集框的情况。因此，小孔设计还需要进一步的改进，使得豆仁和漏剥的鲜食大豆能更好地分离。

五、冷冻机械

速冻加工是鲜食大豆最为常见的加工方式，不仅能够较好地保存食品的风味、色泽和营养等优势，还有保存时间长、加工过程方便等优点，是调节鲜食大豆季节供应的较好方式。

1. 总体机构与工作原理　冷冻机一般由输送机构、风机与轴流风扇、风冷液氮分散喷射系统、机架、升降机构、液氮浸没式速冻进液系统和控制系统等组成，其结构示意图如图 5－34 所示。工作时，操作者根据速冻的加工量及速冻产品的规格或有无包装选择速冻方式选择冷冻系统，若待冷冻的食品量小、规格较小，则选择风冷液氮分散喷射系统，在控制系统上输入速冻温度及速冻时间，选择好风机与轴流风扇的转速，控制系统会根据输入的指令控制好液氮的进入量以保证速冻的温度；若待冷冻的食品量大、规格较大，则选择液氮浸没式速冻进液系统，只用选择运行速度即可，液氮会通过浸没模式的液氮浸没式速冻进液系统快速充满储液槽，在达到指定的深度后，系统会自动关闭进液，在生产过程中，若液氮量下降，液位传感器会自动感应并重新放入液氮直到设定液位。

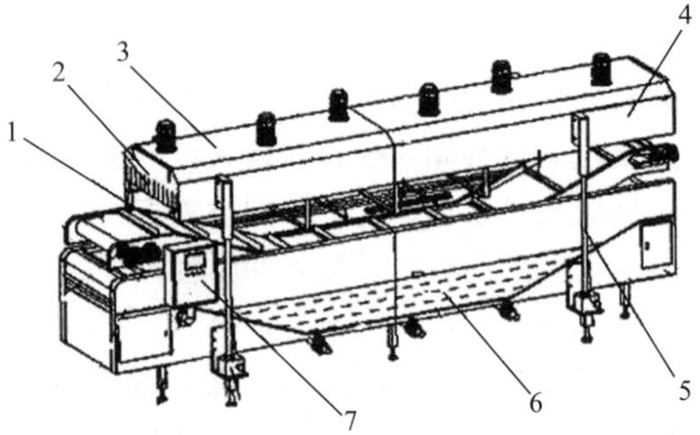

图 5－34　冷冻机结构示意图

1. 输送机构　2. 风机与轴流风扇　3. 风冷液氮分散喷射系统　4. 机架　5. 升降机构　6. 液氮浸没式速冻进液系统　7. 控制系统

2. 典型机具

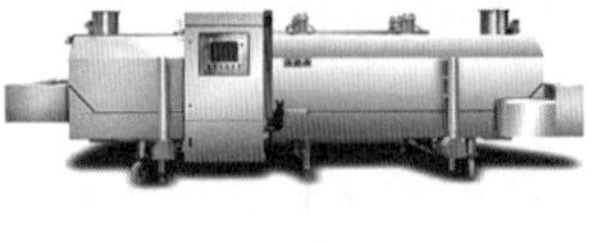

德捷力 DJL-QFL1206 冷冻机

功率（千瓦）	10
隧道长（毫米）	6 000
网带宽（毫米）	1 200
工作效率（千克/小时）	400～500

六、真空包装机械

目前，鲜食大豆生产企业生产多种规格的小包装，在对加工后的鲜食大豆进行包装时，一般都采用人工称量、人工装袋，企业需要大量的熟练工人，工人的劳动强度大，劳动效率低，产品质量也难于控制，而且容易对产品造成二次污染，采用真空包装机可以较好地解决上述问题。

1. 总体结构与工作原理　真空袋装包装机一般由包装转盘、包装夹持爪、送袋机构、开袋机构、填料机构、转接机构、抽真空机构、抽真空转运机构和输送机构等组成，其结构示意图如图5-35所示。工作时，转盘旋转，其上的夹持爪随转盘的旋转将送袋机构中的包装袋转运至开袋机构处实施开袋，然后再将经过开袋的包装袋转运至填料机构处填料，最后对填料的包装袋抽真空，保证包装袋的食品长时间保藏。

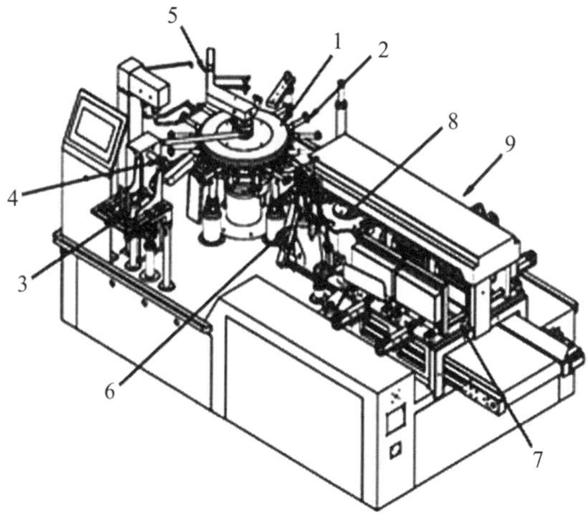

图5-35　真空袋装包装机结构示意图
1. 包装转盘　2. 包装夹持爪　3. 送袋机构　4. 开袋机构　5. 填料机构
6. 转接机构　7. 抽真空机构　8. 抽真空转运机构　9. 输送机构

2. 典型机具

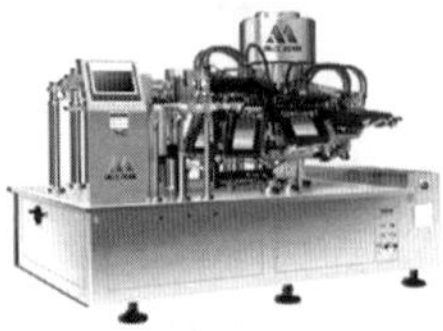

名瑞 MRZK-200P 真空包装机

包装袋尺寸（毫米）	宽 100～200，长 150～300
充填范围（克）	20～1 000
工作效率（包/分钟）	10～50
整机尺寸（长×宽×高）（毫米）	2 800×2 000×1 800

第六章 鲜食大豆病虫草害防治技术

第一节 主要病害及其防治

鲜食大豆生产上发生的病虫草害种类较多，是限制鲜食大豆产量提高和品质提升的重要因素之一。鲜食大豆常年发生的病虫草害达100多种，其中造成严重损失的有20余种，如根腐病、病毒病、褐斑病、霜霉病、食心虫、豆荚螟、豆叶东潜蝇、马齿苋等。有些重大病虫草害一旦暴发成灾，不仅危害农业生产，而且影响食品安全、人体健康、生态环境、产品贸易、经济发展乃至公共安全。

一、大豆根腐病

（一）分布与危害

大豆根腐病是一种危害严重、病原菌种类多而且防治较为困难的世界性土传病害。近年来，此病在我国各大豆种植区均有发生，局部地区危害严重。大豆受害后，一般减产5%～10%，严重的可达50%以上，甚至绝产。

（二）症状特征

大豆根腐病由多种病原真菌引起。镰刀菌为主要致病菌，病株根部从根尖开始变色，水浸状，主根下半部先出现褐色条斑，以后逐渐扩大，表皮及皮层变黑腐烂，严重时主根下半部烂掉；叶片由下而上逐渐变黄，植株矮化、结荚少，严重时植株死亡。丝核菌引起的症状，自种子出芽即可发病，引起烂种，出苗几天后出现立枯病症状，幼苗茎基部及地表下的根部出现坏死斑，病斑开始为褐色、暗褐色或红色，以后病斑扩大引起绕茎，茎及主根髓部变色，病株生长减弱，生长中期出现猝倒或死亡，病株结荚少。立枯丝核菌还可引起大豆根部产生褐色至红褐色病斑，病斑呈不规则形，常连片形成，病斑凹陷；在潮湿条件下，病部表皮出现白色至粉红色霉层，部分病株还产生红色子囊壳；病株下部叶片叶脉间褪绿、发黄、干枯，并逐渐向上蔓延，生长停止，随后枯死。

（三）发生规律

大豆根腐病在大豆种子萌发以后即可发生，根和靠近根表的茎是主要的侵染部位，侵入方式有伤口侵入、自然孔口侵入和直接侵入 3 种，直接侵入的较少。土温 18℃左右，长期保持适当湿度或稍干燥条件下，病菌的致病力最强，植株的发病程度也最严重。重茬、迎茬、多施氮肥、土壤黏重的地块发病重，平作比垄作发病重。大豆根潜蝇危害与根腐病发生呈高度正相关。

（四）防治措施

1. 农业防治 选用抗耐病品种；及时清除田间病残体，控制侵染源；合理轮作，避免重茬、迎茬；适当晚播，控制播深，实行深沟高畦栽培；增施磷肥或有机肥，合理中耕、深松培土，改善土壤通气条件，及时排除田间积水。

2. 化学防治 播种前，按种子重量的 4%～5%选用 30%多·福·克悬浮种衣剂，或种子重量 1.7%～2%的 13%甲霜·多菌灵悬浮种衣剂，或种子重量 0.6%～0.8%的 2.5%咯菌腈悬浮种衣剂，或种子重量 1%～1.3%的 35.5%阿维·多·福悬浮种衣剂进行种子包衣，或用 2%宁南霉素水剂 500 毫升均匀拌 50 千克种子，然后堆闷阴干即可播种。发病地块可用 70%甲基硫菌灵可湿性粉剂 1 000 倍液，或 50%多菌灵可湿性粉剂 800～1 000 倍液或 20%噻菌酮悬浮剂 500～600 倍液，或 4%农抗 120 水剂 150～300 倍液灌根。

二、大豆立枯病

（一）分布与危害

大豆立枯病俗称“死棵”“猝倒”“黑根病”，在我国各大豆种植区均有发生。本病的发生与危害情况因地区和年份有很大不同，病害严重年份，轻病田死株率在5%～10%，重病田死株率在30%以上，个别田块甚至全部死光，造成绝产。

（二）症状特征

大豆立枯病主要危害幼苗或幼株，幼苗或幼株主根及近地面茎基部出现红褐色稍凹陷的病斑，皮层开裂呈溃疡状。幼苗受害严重时，茎基部变褐缢缩折倒而枯死。幼株受害往往表现植株变黄、生长缓慢、植株矮小，茎基部呈红褐色，皮层开裂呈溃疡状。

（三）发生规律

病菌以菌丝体和菌核在土壤中越冬，成为翌年的初侵染源。本病为土壤习居菌引起的土传病害，病菌直接入侵大豆初生根系或次生根系，或由伤口侵入，引起发病后，病部长出菌丝继续向四周扩展，也有的形成子实体，产生担孢子在夜间飞散，落到植株叶片上以后，产生病斑。苗期遇低温和雨水大时易于发病。地势低洼、排水不良或土壤黏重的地块发病重。重茬地和高粱茬地发病重。地下害虫多、土质瘠薄、缺肥和大豆长势差的田块发病重。

（四）防治措施

1. 农业防治　与禾本科作物实行3年以上轮作；避免在低洼地种植大豆，或加强排水排涝，防止地表湿度过大；合理密植，勤中耕除草，改善田间通风透光性；收获后及时清除田间遗留的病株残体，并深翻土地。

2. 调节土壤酸碱度　施用石灰调节土壤酸碱度，使之呈微碱性，每亩用量50～100千克。

3. 化学防治 播种前进行种子消毒或药剂拌种，可选用50%多菌灵可湿性粉剂或50%甲基硫菌灵可湿性粉剂按种子重量0.5%～0.6%的用量拌种，或用70%噁霉灵种子处理干粉剂按种子重量的0.1%～0.2%拌种。发病初期喷洒70%乙磷·锰锌可湿性粉剂500倍液，或58%甲霜灵·锰锌可湿性粉剂500倍液，或64%杀毒矾可湿性粉剂500倍液，或18%甲霜胺·锰锌可湿性粉剂600倍液，或69%安克锰锌可湿性粉剂1 000倍液，10天左右喷洒1次，连续防治2～3次。

三、大豆病毒病

（一）分布与危害

大豆病毒病是由多种病毒单一或复合侵染的一类系统性病害，主要包括大豆花叶病、大豆芽枯病等，广泛分布于我国各大豆种植区。其中，大豆花叶病发生普遍，占大豆病毒病的80%以上，可造成减产40%。

（二）症状特征

大豆病毒病的症状因病毒种类（特别是复合侵染的病毒种类）、大豆品种、侵染时期及环境条件不同而多样。主要症状如下。

1. 轻花叶型 叶片生长基本正常，叶上出现轻微淡黄绿相间斑驳，对光观察尤为明显，通常后期病株或抗病品种多表现此症状。

2. 重花叶型 病叶呈黄绿相间斑驳，皱缩严重，叶脉变褐弯曲，叶肉呈疱状凸起，叶缘下卷，后期导致叶脉坏死，植株明显矮化。

3. 皱缩花叶型 症状介于轻、重花叶型之间，病叶出现黄绿相间花叶，沿中叶脉呈疱状凸起，叶片皱缩呈歪扭不整形。

4. 黄斑型 轻花叶型与皱缩花叶型混生，出现黄斑坏死，叶片皱缩褪色为黄色斑驳，叶片密生坏死褐色小点，或生出不规则的黄色大斑块，叶脉变褐坏死。

5. 芽枯型 病株茎部顶芽或侧芽初变为红褐色或褐色，萎缩卷曲，后变褐坏死，发脆易断，植株矮化。开花期表现症状多数为花芽萎蔫不结实。结荚期表现症状为豆荚上生圆形或不规则形褐色斑块，豆荚多变为畸形。

6. 褐斑粒型　籽粒斑驳，因豆粒脐部颜色而异：褐色脐的呈褐色，黄白色脐的呈浅褐色，黑色脐的呈黑色。播种带病种子，所结病荚种子上的斑纹明显，后期由蚜虫传播的感病植株上结的病荚里的种子很少产生褐斑斑纹。

（三）发生规律

大豆病毒病在流行规律上具有显著特点：一是带毒种子长成的病苗为当年发病的侵染源，且脱毒困难；二是病害依靠蚜虫在田间不断传播，传毒方式为非持久型，即获毒快、传毒快，但失毒也快。经测定，蚜虫在病株上刺吸 30～60 秒就可带病毒，带毒蚜在健株上吸食 1 分钟就可以传毒，持续传毒只有 75 分钟。因此，要求使用能够迅速击倒蚜虫的药剂来防治，否则达不到显著的防病效果。

（四）防治措施

1. 农业防治　建立无病留种田，选用无褐斑、饱满的豆粒作种子；加强肥水管理，培育健壮植株，增强抗病能力。

2. 治蚜防病　从苗期开始就要进行蚜虫的防治，防止和减少病毒的侵染。有条件的地方可铺银灰膜驱蚜，效果达 80%。也可在有翅蚜迁飞前进行防治，喷洒 40%乐果乳油 1 000～2 000 倍液，或 2.5%溴氰菊酯乳油 2 000～3 000 倍液，或 50%抗蚜威可湿性粉剂 2000 倍液，或 10%吡虫啉可湿性粉剂 2 500 倍液。缺水地区也可喷撒 1.5%乐果粉剂，每亩 1.5～2 千克。

3. 化学防治　可结合苗期防治蚜虫来施药。药剂可选用 0.5%氨基寡糖素水剂 500 倍液，或 5%菌毒清水剂 400 倍液，或 8%宁南霉素水剂 800～1 000 倍液，或 0.5%几丁聚糖水剂 200～400 倍液，或 0.5%菇类蛋白多糖水剂 200～400 倍液，或 6%烯·羟·硫酸铜可湿性粉剂 200～400 倍液喷雾，连续使用

2～3次，隔7～10天1次。

四、大豆疫病

（一）分布与危害

大豆疫病又称大豆疫霉根腐病，是由疫霉菌引起的大豆根腐和茎腐病，为大豆毁灭性病害，是重要的国际性检疫病害，只侵染豆科植物，如羽扇豆、菜豆、豌豆等。该病在大豆的整个生育期都可发生，一般发病田减产30%～50%，高感品种损失达50%～80%，甚至绝收。

（二）症状特征

大豆疫病危害大豆植株的根、茎、叶及部分豆荚，可引起根腐、茎腐、植株矮化、枯萎等症状，甚至导致大豆植株死亡。带菌种子播种后引起种子和幼芽出土前腐烂，或出土后幼苗发生猝倒。主根或侧根等根系受害后变褐腐烂，甚至完全腐烂。病茎由基部至第一分枝处产生褐色水渍状病斑，湿度大时易发生溃疡腐烂，病斑可向上断续蔓延达多个分枝处。病斑延伸至叶柄，使叶柄基部变褐凹陷，叶片呈“八”字形下垂凋萎，但不脱落。后期发病往往表现植株叶片由下而上萎蔫发黄，植株逐渐枯萎死亡，剖检茎秆可见髓部维管束变褐坏死。豆荚受害多从基部开始，病斑呈水渍状，逐渐扩展到整个豆荚，最后整个豆荚变褐干枯。病荚中的豆粒也可受到侵染，豆粒表面无光泽，淡褐色至黑褐色，皱缩干瘪，部分种子表皮皱缩后呈网纹状，豆粒变小。大豆植株各部位受大豆疫霉侵染发病后，通常伴随腐生菌二次侵染而呈褐色或黑褐色腐烂，并产生大量子实体，不但加重大豆发病，而且容易导致误诊。该病同枯萎病不易区分。

（三）发生规律

大豆疫病是典型的土壤真菌传播，真菌只能以抗逆性很强的卵孢子随病残体在土壤中或混在种子中的土壤颗粒中越冬，成为翌年初侵染源。带有病菌的土粒被风雨吹溅到大豆上能引致初侵染，积水中的游动孢子遇上大豆根以后，先形成休止孢子，后萌发侵入，产生菌丝在寄主细胞间蔓延，形成球状或指状吸器汲取营养，同时还可形成大量卵孢子。土壤中或病残体上卵孢子可存活多年。卵孢子经30天休眠才能发芽。湿度高或多雨天气土壤黏重，易发病。重茬地发病重。

（四）防治措施

1. 实施检疫　我国已将本病列为全国农业植物检疫对象和进境植物检疫一类危险性有害生物，应严格执行植物检疫规定；禁止种植带菌种子。

2. 农业防治　应用抗病和耐病品种；加强田间管理，适时中耕培土，收获后及时深翻土地；避免在低洼土地种植大豆，加强排水排涝，降低土壤湿度，减轻发病；与禾本科作物实行3年以上轮作。

3. 化学防治　播种时沟施甲霜灵颗粒剂，可防止根部侵染；播种前用种子重量0.3%的35%甲霜灵种子处理干粉剂拌种，或用2%宁南霉素水剂500毫升拌50千克大豆种子，堆闷阴干后播种。必要时可采用化学药剂喷洒或浇灌防治，有效药剂有25%甲霜灵可湿性粉剂800倍液，或58%甲霜・锰锌可湿性粉剂600倍液，或64%霜・锰锌可湿性粉剂900倍液，或72%霜脲・锰锌可湿性粉剂700倍液，或69%烯酰・锰锌可湿性粉剂900倍液。

五、大豆茎枯病

（一）分布与危害

大豆茎枯病主要发生于大豆生长的中后期，对植株生长发育无明显影响。在我国华北、华中和东北等地豆田均有发生。

（二）症状特征

大豆茎枯病主要危害茎部。受害茎上初期生椭圆形灰褐色病斑，以后逐渐扩大成一块块黑色长条斑，上面密生小黑点（分生孢子器)。该病初发生于茎下部，逐渐蔓延到茎上部，落叶后收获前植株茎上症状最为明显，易于识别。

(三) 发生规律

病菌以分生孢子器在病残体上越冬，成为翌年初侵染源。翌年遇适宜的温、湿度条件，分生孢子器释放分生孢子，借风雨传播侵染发病。该菌寄生性较弱，一般在植株长势弱或接近成熟时开始发病。

(四) 防治措施

大豆茎枯病主要采用农业措施防治。选用抗耐病的品种；大豆收获后及时清除田间病株残体，秋翻土地，减少菌源；实行轮作，减轻发病。

六、大豆枯萎病

(一) 分布与危害

大豆枯萎病是世界性发生的病害，在我国各大豆种植区零星发生，但危害严重，常造成植株死亡，近年来在局部地区发生趋重。

(二) 症状特征

大豆枯萎病是系统性侵染整株发生病害。发病植株生长矮小，染病初期叶片由下而上逐渐变黄色至黄褐色萎蔫。幼苗发病后先萎蔫，茎软化，叶片褪绿或卷缩，呈青枯状，不脱落，叶柄也不下垂；病根发育不健全，幼株根系腐烂坏死，呈褐色并扩展至地上 3～5 节。成株期发病，病株叶片先从上往下萎蔫黄化枯死，一侧或侧枝先黄化萎蔫再累及全株；病根褐色至深褐色呈干枯状坏死，剖开病部根系，可见维管束变为褐色；病茎明显缢缩，有褐色坏死斑，在病健部结合处髓腔中可见到约 0.5 厘米宽的粉红色菌丝，病健结合处以上部分呈褐色水渍状。后期在病株茎的基部产生白色絮状菌丝和粉红色胶状物，即病原菌丝和分生孢子。病茎部维管束变为褐色，木质部及髓腔不变色。

（三）发生规律

本病为典型的土传病害，病菌由根部侵入导致整株发病。病菌以菌丝体、分生孢子和厚垣孢子随病残体在土壤中营腐生生活越冬，成为翌年的初侵染菌源。病菌通过幼根伤口侵入根部，然后进入导管系统，随蒸腾液流在导管内扩散，菌丝体充满木质导管或产生毒素，导致植株萎蔫枯死。在田间借灌溉水、昆虫或雨水溅射传播蔓延。高温高湿条件易发病。连作地、土质黏重、根系发育不良则发病重。此外，大豆孢囊线虫密度大、根结线虫发生重的地块，枯萎病发生也较重。

（四）防治措施

1. 农业防治　因地制宜选用抗枯萎病的品种；施用酵素菌沤制的堆肥或充分腐熟的有机肥，减少化肥施用量；闲耕时，田间覆盖塑料薄膜，利用热力进行土壤消毒；发现病株及时拔除，带出田外销毁。

2. 化学防治　处理种子是防治大豆枯萎病的主要措施，可用种子重量1.2%～1.5%的35%多·福·克悬浮种衣剂，或种子重量0.2%～0.3%的2.5%咯菌腈悬浮种衣剂，或种子重量1.3%的2%宁南霉素水剂拌种。发病初期，可用70%甲基硫菌灵可湿性粉剂800倍液，或50%多菌灵可湿性粉剂500倍液，或10%混合氨基酸铜络合物水剂300倍液，或50%琥胶肥酸铜可湿性粉剂500倍液淋穴，每穴喷淋药液300～500毫升，间隔7天喷淋1次，共防治2～3次。

七、大豆细菌斑点病

（一）分布与危害

大豆细菌斑点病在我国各大豆种植区均有发生。发病重时可造成叶片提早脱落而减产。

（二）症状特征

大豆细菌斑点病主要危害大豆叶片，也可危害幼苗、叶柄、茎、豆荚及豆粒。幼苗染病，子叶生半圆形或近圆形褐色斑。叶片病斑初期呈褪绿小斑点，半透明水浸状，渐变为黄色至淡褐色，扩大后呈多角形或不规则形，直径 3～4 毫米，病斑中间深褐色至黑褐色，外围具一圈窄的褪绿晕环。植株受害严重时，病斑密布叶片，病斑融合后成枯死斑块，病斑中央常破裂脱落。湿度大时，叶上病斑背面常溢出白色菌脓。叶柄及茎部染病，病斑初呈暗褐色水渍状长条形，扩展后为不规则状，稍凹陷。荚上病斑初为红褐色小点，后变黑褐色，多集中于豆荚合缝处。种子上病斑呈不规则形，褐色，上覆一层细菌菌脓。

（三）发生规律

病菌在种子上或病残体上越冬，成为翌年的初侵染源。病菌在未腐烂的病叶最多存活 1 年，在土壤中不能永久存活。播种带菌种子，出苗后即可发病，成为该病扩展中心，后病菌借风雨传播蔓延。多雨、低温的天气有利于发病，尤其是暴风雨后，叶面伤口多，有利于病菌侵入，发病重。

（四）防治措施

1. 农业防治　选用抗病品种；选用健康种子，汰除病粒；与禾本科作物实行 3 年以上轮作；施用充分腐熟的有机肥；收获后及时清除田间病株残体并深翻土地，减少菌源。

2. 化学防治　播种前按种子重量 0.3%的 50%福美双可湿性粉剂，或种子重量 0.5%～1%的 20%噻菌铜悬浮剂进行拌种。发病初期喷洒 30%碱式硫酸铜悬浮剂 400 倍液，或 72%新植霉素粉剂 3 000～4 000 倍液，或 30%琥胶肥酸铜悬浮剂 500 倍液，或 20%噻菌铜悬浮剂 500 倍液，或 15%络氨铜水剂 500 倍液，视病情防治 1～2 次。

八、大豆紫斑病

（一）分布与危害

大豆紫斑病在我国各大豆种植区普遍发生。该病危害的主要症状是形成紫斑病粒，病粒多龟裂、瘪小，丧失生活力，严重影响籽粒质量，但对产量影响不明显。感病品种的紫斑病粒率为15%～20%，严重时在50%以上。

（二）症状特征

大豆紫斑病主要危害豆荚和豆粒，也可侵染叶和茎。苗期染病，子叶上产生褐色至赤褐色圆形斑，云纹状。真叶染病初生紫色圆形小点，散生，扩展后形成多角形褐色或浅灰色斑。茎秆染病形成长条状或梭形红褐色斑，严重的整个茎秆变成黑紫色，上生稀疏的灰黑色霉层。豆荚受害形成圆形或不规则形病斑，病斑较大，灰黑色，边缘不明显，干后变黑，病荚内层生不规则紫色斑，内浅外深。豆粒受害，仅在种皮表现出症状，不深入内部；病斑形状不定，大小不一。症状因品种及发病时期不同而有较大差异，多呈紫色，有的呈青黑色，在脐部四周形成浅紫色斑块，严重的整个豆粒变为紫色，有的龟裂。

（三）发病规律

病菌以菌丝体潜伏在种皮内或以菌丝体和分生孢子在病残体上越冬，成为翌年的初侵染源。如播种带菌种子，病菌从种皮扩展到子叶，引起子叶发病并产生大量的分生孢子，然后借风雨传播到叶片、豆荚和籽粒上进行再侵染。大豆开花和结荚期多雨，气温偏高，发病重。连作地及早熟品种发病重。

（四）防治措施

1. 农业防治　选用抗病品种，一般抗病毒的品种比较抗紫斑病；大豆收获后及时清除病残体并进行秋耕，减少初侵染源；严格精选种子，汰除病粒。

2. 化学防治　播种前，用50%福美双可湿性粉剂按种子重量的0.3%拌种，或用80%乙蒜素乳油5 000倍液浸种。开花始期、蕾期、结荚期、嫩荚期各喷1次30%碱式硫酸铜悬浮剂400倍液，或50%多·霉威可湿性粉剂1 000倍液，或80%乙蒜素乳油1 000～1 500倍液，或50%苯菌灵可湿性粉剂1 500倍液，或36%甲基硫菌灵悬浮剂500倍液。

九、大豆黑斑病

（一）分布与危害

大豆黑斑病在我国大豆种植区均有发生。该病常发生于大豆生育后期，对产量影响很小。大豆黑斑病菌还可侵染芹菜、甘蓝、莴苣、萝卜等多种作物，其寄主范围很广。

（二）症状特征

大豆黑斑病病原菌主要危害叶片和豆荚。叶片染病，一般病斑呈不规则形，直径5～10毫米，褐色，具同心轮纹，上生黑色霉层（分生孢子梗和分生孢子）。荚上生圆形或不规则形黑斑，其上密生黑色霉层。荚皮破裂后侵染豆粒受害。

（三）发生规律

病原物多为链格孢属病菌，以菌丝体或分生孢子在大豆病叶、病荚等病残体上越冬，成为翌年的初侵染源。病菌在田间借风雨传播，进行再侵染。高温多湿天气有利于发病。

（四）防治措施

1. 农业防治　大豆收获后及时清除病株残体并深翻土地，减少初侵染源。

2. 化学防治　发病严重的地块，在发病初期选用75%百菌清可湿性粉剂600倍液，或58%甲霜·锰锌可湿性粉剂500倍液，或25%丙环唑乳油2 000～3 000倍液，或3%多抗霉素可湿性粉剂1 000～2 000倍液，或64%噁霜·锰锌可湿性粉剂500倍液均匀喷雾，视病情间隔7～10天喷施1次，防治2～3次。

十、大豆霜霉病

（一）分布与危害

大豆霜霉病在我国各大豆种植区均有发生。该病可引起叶片早落或凋萎，种子受害霉变，一般发病田可减产6%～15%，种子受害率10%左右，重发病田减产30%～50%。

（二）症状特征

大豆霜霉病主要危害幼苗或成株叶片、豆荚及豆粒。种子带菌可引起幼苗发生系统侵染，但子叶不表现症状，从第一对真叶基部出现褪绿斑块，沿主脉、侧脉扩展，造成全叶褪绿，以后全株的叶片均可显症。花期前后雨多或湿度大，病斑背面生灰色霉层，病叶转黄变褐而干枯。成株期叶片表面生圆形或不规则形病斑，黄绿色，边缘不清断，后变褐色，叶片背面生灰白色至淡紫色霉层。发病严重时，多个病斑汇合成大的斑块，使病叶干枯。豆荚染病外部症状不明显，但荚内常出现黄色霉层，即病菌菌丝和卵孢子，受害豆粒发白、无光泽，表面附一层黄白色或灰白色粉末状霉层。

（三）发生规律

病菌以卵孢子在种子上或病残体上越冬，成为翌年的初侵染源，其中种子上附着的卵孢子是最主要初侵染源，病残体上的卵孢子侵染机会少。卵孢子随种子发芽而萌发，产生游动孢子，从寄主胚轴侵入，进入生长点，向全株蔓延成为系统侵染病害，病苗则成为田间再侵染源。病菌在田间主要借风雨传播。播种后低温多湿有利于侵染，豆株以展叶5～6天时最易感病，8天已有抗病力。多雨年份发病严重。品种间抗性差异大。

（四）防治措施

1. 农业防治　选育和利用抗病品种；选用健康无病种子，严格清除病粒；增施磷、钾肥，提高植株抗病能力；实行3年以上轮作；及时铲除病苗，减少初侵染源。

2. 化学防治　播种前用种子重量0.3%的90%三乙膦酸铝可湿性粉剂或35%甲霜灵种子处理干粉剂拌种。发病初期可喷洒40%百菌清悬浮剂600倍液，或25%甲霜灵可湿性粉剂800倍液，或58%甲霜·锰锌可湿性粉剂600倍液。对上述杀菌剂产生抗药性的地区，可改用69%烯酰·锰锌可湿性粉剂900～1 000倍液，或50%嘧菌酯水分散粒剂2 000～2 500倍液。

十一、大豆褐斑病

（一）分布与危害

大豆褐斑病在我国各豆区普遍发生，南方重于北方，主要危害叶片，造成叶片层层脱落，可致大豆减产8%～15%。

（二）症状特征

大豆褐斑病主要危害叶片，多从植株基部叶片开始发病，逐渐向上扩展。子叶上病斑圆形，黄褐色，略凹陷，后期病斑干枯，上生微小黑点（分生孢子器）。成株期叶片上病斑受叶脉所限呈多角形，直径1～5毫米，最初为黄褐色，以后逐渐变为褐色至黑褐色，后期病斑中央变灰褐色，上面产生许多小黑点。病害严重时叶片上病斑合成大斑块，致使病叶干枯，叶片自下而上逐渐脱落。叶柄和茎受到危害时，产生暗褐色、短条状、边缘不清晰的病斑。荚上的病斑为不规则褐色斑点。

（三）发生规律

病菌以分生孢子器或菌丝体在大豆病叶、病荚等病残体或种子上越冬，成为翌年的初侵染源。种子带菌引致幼苗子叶发病。在病残体上越冬的病菌释放出分生孢子，借风雨传播，先侵染植株底部叶片引起发病，然后进行重复侵染并向上部叶片蔓延。侵染叶片的温度范围为16～32℃，最适温度28℃，潜育期10～12天。温暖潮湿天气有利于侵染发病，夜间多雾和结露持续时间长，发病重。密植的大豆田发病重。

（四）防治措施

1. 农业防治 选用抗病品种；实行3年以上轮作；收获后及时清除田间病株残体并深翻土地，减少菌源。

2. 化学防治 于发病初期喷洒75%百菌清可湿性粉剂600倍液，或50%琥胶肥酸铜可湿性粉剂500倍液，或14%络氨铜水剂 300 倍液，或 77%氢氧化铜可湿性粉剂 500 倍液，或 12%松脂酸铜乳油 600 倍液，或 30%碱式硫酸铜悬浮剂 300 倍液，或 3%多抗霉素可湿性粉剂 1 000～2 000 倍液，间隔 10 天左右防治 1 次，防治 1～2 次。

十二、大豆炭疽病

（一）分布与危害

大豆炭疽病普遍发生于我国各大豆种植区，严重发生时减产 50%以上。

（二）症状特征

大豆炭疽病主要危害茎秆和豆荚，也可危害幼苗和叶片。种子带菌可引起出苗前或出苗后发生腐烂或猝倒症状，可侵染子叶产生暗褐色凹陷溃疡斑，病斑可扩展至整个子叶。气候潮湿时，子叶上的溃疡斑呈水浸状，子叶很快萎蔫、脱落。子叶上的病菌可从子叶扩展到叶柄和叶片上，引起叶柄发生溃疡，叶片上发病可产生边缘深褐色、内部浅褐色的不规则形病斑，病斑上生粗糙刺毛状黑点，即分生孢子盘。茎秆上病斑为椭圆形或不规则形，初生红褐色，渐变为褐色，最后变为灰色，其上密布呈不规则排列的小黑点。豆荚上病斑圆形或不规则形，红褐色，后变为灰褐色，有时呈溃疡状，略凹陷，其上密生略呈轮纹状排列的小黑点。植株受害严重时，病荚不能结实或荚内种子发霉，豆粒呈暗褐色皱缩干瘪。

（三）发生规律

病菌以菌丝体或分生孢子盘在病株或病种上越冬，成为翌年的初侵染源。种子带菌或大豆苗期遇低温，大豆发芽出土慢，容易引起幼苗发病。大豆各生育期都可感病，但在开花至鼓粒期最易感病。高温多雨年份发病重。

（四）防治措施

1. 农业防治　选用抗病品种及无病种子；收获后及时清除

病残体、深翻，减少越冬菌源；实行3年以上轮作；合理密植，避免施氮肥过多，提高植株抗病力；勤除田间杂草，及时中耕培土；雨后及时排除积水，降低田间湿度。

2. 化学防治 播种前用种子重量0.4%的50%多菌灵可湿性粉剂或50%异菌脲可湿性粉剂拌种，拌后闷种3～4小时，也可用种子重量0.3%的10%福美·拌种灵悬浮种衣剂包衣。在大豆开花后，可选用75%百菌清可湿性粉剂800倍液，或50%多菌灵可湿性粉剂600倍液，或25%溴菌腈可湿性粉剂500倍液，或47%春雷·王铜可湿性粉剂600倍液，或50%咪鲜胺可湿性粉剂1 000倍液，每隔10天喷施1次，视病情连喷2～3次。

第二节　主要虫害及其防治

一、豆蚜

（一）分布与危害

豆蚜在我国各大豆种植区均有发生。除危害大豆，还危害野生大豆、鼠李、圆叶鼠李等。成蚜、若蚜集中在豆株的顶部嫩叶、嫩茎上刺吸汁液，严重时布满整个植株的茎、叶和荚，造成大豆茎叶卷缩，根系发育不良，分枝结荚减少。苗期发生严重时可致整株枯死。轻者可致减产20%～30%，重者可致减产50%以上。此外，还可传播大豆花叶病毒病。

（二）形态特征

豆蚜具有多型多态现象。

1. 有翅孤雌蚜 长椭圆形，体长1～1.6毫米，头、胸部黑色，腹部黄绿色。触角6节，与体等长，第六节鞭状部长于基部4倍；腹管圆筒形，黑色；基部比端部粗2倍，上有瓦片状纹；尾片黑色，圆锥形，具长毛7～10根；臀板末端钝圆，多细毛。

2. 无翅孤雌蚜 与有翅孤雌蚜相似，无翅，黄白色。触角5节，短于体长。腹管黑色，圆筒形，基部稍宽，有瓦片状纹。

3. 雌性蚜　形态与无翅孤雌蚜相似，但进行有性繁殖。

4. 雄蚜　有翅，体狭长，腹部瘦小弯曲，外生殖器明显，有抱器1对和阳具。

5. 卵　长椭圆形，初产时黄色，渐变为绿色，最后变为光亮的黑色。

6. 若蚜　形态似成虫，无翅。

（三）发生规律

豆蚜在东北1年发生10多代，在河南、山东等地1年发生约20代，以卵在鼠李和圆叶鼠李枝条上芽侧或缝隙中越冬。翌年春节，鼠李鳞芽转绿到芽开绽，日均温高于10℃以上时，越冬卵孵化为干母（无翅孤雌蚜），孤雌胎生繁殖1～2代后，产生有翅孤雌蚜迁飞至大豆田，孤雌繁殖危害大豆幼苗。6月下旬至7月中旬进入危害盛期，多集中在植株顶梢和嫩叶上取食汁液。8月后由于气温和营养条件逐渐对蚜虫不利，蚜量随之减少。9月初气温下降，开始产生有翅母蚜迁回鼠李上，产生能产卵的无翅雌蚜与从大豆田迁飞来的有翅雄蚜交配，又把卵产在鼠李上越冬。6月下旬至7月上旬，旬平均温度22～25℃，相对湿度低于78%，有利于其大发生。

（四）防治措施

1. 农业防治　因地制宜选用优良抗蚜品种；及时铲除田边、沟边、塘边杂草，减少虫源。

2. 物理防治　利用银灰色膜避蚜和黄板诱杀蚜虫。

3. 生物防治　保护和利用瓢虫、草蛉、食蚜蝇、小花蝽、蚜小蜂、烟蚜茧蜂、菜蚜茧蜂、草间小黑蛛等天敌控制蚜虫。

4. 化学防治　当田间卷叶株率达5%～10%，或有蚜株率达20%～30%，或百株蚜量1 000头以上，气候适宜，天敌较少不能控制时，应开展药剂防治。每亩用30%甲氰·氧乐果乳油30～40毫升，或20%氰戊菊酯乳油10～20毫升，或4%高氯·吡虫啉乳油30～40毫升，或50%抗蚜威水分散粒剂10～15毫升，兑水40～50千克，均匀喷雾；也可选用20%哒嗪硫磷乳油800倍液喷雾防治。

二、豆天蛾

（一）分布与危害

豆天蛾在我国各大豆种植区均有发生，主要寄主植物为大豆、绿豆、豇豆和刺槐等。以幼虫取食大豆叶片，低龄幼虫吃成网孔和缺刻，高龄幼虫大发生时，可将豆株吃成光秆，使之不能结荚，局部甚至可暴发成灾。

（二）形态特征

1. 成虫 体长40～45毫米，翅展100～120毫米。体、翅黄褐色，有的略带绿色。头、胸背面有暗紫色纵线，腹部背面各节后缘有棕黑色横纹。前翅狭长，有6条浓色的波状横纹，近顶角有1个三角形褐色斑。后翅小，暗褐色，基部和后角附近黄褐色。

2. 卵 椭圆形或球形，初产黄白色，孵化前变褐色。

3. 幼虫 5龄老熟幼虫体长约90毫米，黄绿色，体表密生黄色小突起。腹部每节两侧各有7条向背面后方倾斜的黄白色斜线。臀背具尾角1个，短而向下弯曲。

4. 蛹 长约50毫米，红褐色。头部口器突出，略呈钩状，腹末臀棘三角形。

（三）发生规律

豆天蛾在河南、河北、山东、江苏等省份1年发生1代，湖北1年发生2代。以老熟幼虫在9～12厘米土层越冬，越冬场所多在豆田及其附近土堆边、田埂等向阳地。1代发生区一般在6月中旬，当表土温度达24℃左右时化蛹，7月上旬为羽化盛期，7月中下旬至8月上旬为产卵盛期，7月下旬至8月下旬为幼虫发生盛期，9月上旬幼虫老熟入土越冬。2代发生区，5月上旬化蛹和羽化，第一代幼虫发生期在5月下旬至7月上旬，第二代幼虫发生期在7月下旬至9月上旬，其中以8月中下旬为危害高峰期，9月中旬后幼虫老熟入土越冬。成虫昼伏夜出，白天栖息于生长茂盛的作物茎秆中部，傍晚开始活动，飞翔力强，可做远距离高飞，有喜食花蜜的习性，对黑光灯有较强的趋性。成虫交尾后3天即能产卵，卵多散产于豆株叶背面，少数产在叶正面和茎秆上，每叶1粒或多粒，每头雌虫平均产卵350粒，卵期6～8天。幼虫共5龄，初孵幼虫有背光性，3龄后因食量增大有转株危害习性。豆天蛾在化蛹和羽化期间，如果雨水适中，分布均匀，发生就重；雨水过多，则发生期推迟；天气干旱不利于豆天蛾的发生。植株生长茂密、地势低洼、土壤肥沃的淤地发生较重。大豆品种不同，受害程度有异，以早熟、秆叶柔软、蛋白质和脂肪含量高的品种受害较重。

（四）防治措施

1. 农业防治　选择成熟晚、秆硬、皮厚、抗涝性强的抗虫品种；水旱轮作，尽量避免豆科植物连作；及时秋耕、冬灌，降低越冬基数。

2. 物理防治　利用成虫较强的趋光性，设置黑光灯、杀虫灯诱杀成虫。

3. 生物防治　用杀螟杆菌或青虫菌（每克含孢子量80亿～100亿）500～700倍液，每亩用菌液50千克。或利用赤眼蜂、寄生蝇、草蛉、瓢虫等天敌。

4. 化学防治　于幼虫3龄前喷药防治。可选用90%晶体敌百虫800～1 000倍液，或45%马拉硫磷乳油1 000～1 500倍液，或5%丁烯氟虫腈悬浮剂3 000倍液，或20%杀灭菊酯乳油2 000倍液，或16 000国际单位/毫克苏云金杆菌可湿性粉剂300～500倍液，均匀喷雾。

三、豆秆黑潜蝇

（一）分布与危害

豆秆黑潜蝇广泛分布于我国南方、黄淮等大豆种植区。本虫主要危害大豆，还危害绿豆、赤豆、四季豆、豇豆、毛豆（青大豆）等豆科植物，在白菜、菜心、芥蓝等蔬菜作物上也可发生危害。幼虫在作物主茎、侧枝和叶柄内钻蛀危害，形成隧道，影响水分、养分的输导，使受害作物叶片黄化，植株矮小，严重时枯死。苗期受害，多造成根茎部肿大，叶柄表面褐色，全株铁锈色，比健株显著矮化，重者茎中空，叶脱落，以致死亡。成株期受害则造成豆荚减少，秕粒增多，对作物产量、品质影响极大。

（二）形态特征

1. 成虫 体长 2.5 毫米左右，黑色，腹部有蓝绿色光泽。复眼暗红色；触角 3 节，第三节钝圆，其背面中央生有 1 根长于触角 3 倍的触角芒。前翅膜质透明，有淡紫色金属光泽，亚前缘脉发达，平衡棍全黑色。

2. 卵 椭圆形，初呈乳白色，稍透明，渐变为淡黄色。

3. 幼虫 蛆形，体长 2.4～2.6 毫米，淡黄白色或粉红色。口钩黑色，第一腹节上生有 1 对很小的前气门，第八腹节有 1 对淡灰棕色后气门。

4. 蛹 长筒形，黄棕色，半透明。

（三）发生规律

豆秆黑潜蝇在广西 1 年发生 13 代以上，河南、江苏 1 年发生 4～5 代，浙江、福建 1 年发生 6～7 代。一般以蛹在大豆或其他寄主根茬和茎秆中越冬，从 4 月上旬开始羽化，部分可延迟至 6 月上中旬羽化。成虫飞翔力弱，多集中在豆株上部叶面活动，常以腹末端刺破豆叶表皮，吸食汁液，致使叶面呈白色斑点的小伤孔。卵多散产于大豆上部叶背表皮下。初孵幼虫在叶内蛀食，形成弯曲透明的隧道，再经叶脉、叶柄蛀食髓部和木质部。老熟幼虫先向茎外蛀一羽化孔，后在孔口附近化蛹。6～7 月降水较多，有利于其发生。寄生蜂对此虫有较大抑制作用。

（四）防治措施

1. 农业防治 作物收获后，及时处理秸秆和根茬，减少越冬虫源；发生严重田块，换种芝麻或玉米等其他作物 1 年，可降低发生危害程度。

2. 化学防治　成虫盛发期至幼虫蛀食之前，可采用 75%灭蝇胺可湿性粉剂 5 000 倍液，或 5%丁烯氟虫腈悬浮剂 1 500 倍液，或 5%氟虫脲可分散液剂 1 000～1 500 倍液，均匀喷雾，间隔 6～7 天再喷 1 次。豆株苗期是防治重点。

四、美洲斑潜蝇

（一）分布与危害

美洲斑潜蝇在全国 20 多个省份均有分布。成、幼虫除危害豆类外，还危害黄瓜、南瓜、西瓜、甜瓜、芥菜、番茄、辣椒、茄子、马铃薯、苜蓿、蓖麻等，雌成虫飞翔，以产卵器把植物叶片刺伤，进行取食和产卵，幼虫潜入叶片和叶柄危害，产生不规则蛇形白色虫道，叶绿素被破坏，影响光合作用，受害重的叶片干枯脱落，造成花芽、果实被灼伤，严重的造成毁苗。美洲斑潜蝇发生初期虫道呈不规则线状伸展，虫道终端常明显变宽，可区别于番茄斑潜蝇。

（二）形态特征

1. 成虫　体长 1.3～2.3 毫米，浅灰黑色，胸背板亮黑色，体腹面黄色，雌虫体比雄虫大。

2. 卵　米色，半透明，大小（0.2～0.3）毫米×（0.1～0.15）毫米。

3. 幼虫　蛆状，初无色，后变为浅橙黄色至橙黄色，长 3 毫米，后气门突呈圆锥状突起，顶端 3 个分叉，各具 1 个开口。

4. 蛹　椭圆形，橙黄色，腹面稍扁平，大小（1.7～2.3）毫米×（0.5～0.7）毫米。

（三）发生规律

美洲斑潜蝇成虫以产卵器刺伤叶片，吸食汁液，雌虫把卵产在叶表皮下，卵经 2～5 天孵化，幼虫期 4～7 天，末龄幼虫咬破叶表皮在叶外或土表下化蛹，蛹经 7～14 天羽化为成虫，夏季2～4 周完成 1 世代，冬季 6～8 周完成 1 世代，世代短，繁殖能力强。

（四）防治措施

1. 农业防治 及时清洁田园，把被美洲斑潜蝇危害作物的残体集中进行深埋、沤肥或烧毁。

2. 物理防治 采用灭蝇纸诱杀成虫，在成虫始盛期至盛末期，每亩设置 15 个诱杀点，每个点放置 1 张诱蝇纸诱杀成虫，3～4 天更换 1 次。

3. 化学防治 掌握成虫盛发期，及时喷药防治成虫，防止成虫产卵；或在幼虫低龄期喷药防治，可用 40%氧化乐果乳油 1 000～2 000 倍液，或 50%敌敌畏乳油 800 倍液，或 1.8%阿维菌素乳油 1 500～3 000 倍液，或 5%定虫隆乳油 1 000～2 000 倍液，或 5%氟虫脲乳油 2 000 倍液，或 20%氰戊菊酯乳油 1 500～2 000 倍液喷雾，连续喷 2～3 次。

五、大豆食心虫

（一）分布与危害

大豆在东北、华北、华中等大豆种植区都有发生。食性单一，主要危害大豆，也取食野生大豆和苦参。幼虫蛀入豆荚咬食豆粒成破瓣，豆荚内充满虫粪，降低产量和品质。一般发生年份，虫食率为 10%左右，严重时达 30%～40%，甚至高达 70%～80%，是我国大豆产区主要害虫之一。

（二）形态特征

1. 成虫 体长 5～6 毫米，翅展 12～14 毫米，黄褐色至暗灰色。前翅略呈长方形，沿翅前缘约有 10 条紫色短斜纹，翅外缘臀角上方有一银灰色椭圆形斑，内有 3 条紫褐色小横纹。腹部纺锤形，黑褐色。

2. 卵 椭圆形，初呈白色，渐变为橙黄色，表面有光泽。

3. 幼虫 共 5 龄。初孵时黄白色，后变为淡黄色或橙黄色，老熟时红色，头及前胸背板黄褐色，体长 8～10 毫米。

4. 蛹　长纺锤形，长约 6 毫米黄色。土茧长椭圆形。

（三）发生规律

大豆食心虫 1 年发生 1 代，以老熟幼虫在土中结茧越冬。在华中地区，越冬幼虫于 7 月下旬开始破茧化蛹，7 月底至 8 月初为化蛹盛期，8 月上中旬为羽化盛期，8 月下旬为产卵盛期，8 月底至 9 月初进入孵化盛期，幼虫在豆荚内危害 20～30 天老熟，9 月中旬至 10 月上旬陆续脱荚入土越冬。成虫产卵于大豆嫩荚上，每荚 1 粒。幼虫孵化后多从豆荚边缘合缝附近蛀入，先吐丝结成细长形薄白丝网，在其中咬食荚皮穿孔进入荚内危害。大豆收割前后，老熟幼虫在豆荚边缘穿孔脱荚，入土越冬。雨量多、土壤湿度大，有利于化蛹、成虫羽化和幼虫脱荚入土。少雨干旱对其发生不利。大豆连作受害重，轮作发生轻。低洼地比平地、岗地发生重。

（四）防治措施

1. 农业防治　选用抗虫或耐虫品种；合理轮作，尽量避免重茬，实行远距离大区域轮作，水旱轮作效果更好；及时收割运出并清理田间落荚枯叶，进行秋翻秋耙，破坏食心虫越冬场所。

2. 生物防治　在成虫产卵期释放赤眼蜂；在老熟幼虫入土前，用白僵菌防治脱荚幼虫。

3. 化学防治　8 月上中旬成虫初盛期，每亩用 80%敌敌畏乳油 100～150 毫升，将高粱秆或玉米秆切成 20 厘米长，吸足药液制成药棒 40～50 根，熏蒸防治成虫。在卵孵化盛期，每亩用 2.5%高效氯氟氰菊酯乳油 1 500 倍液，或 30%甲氰·氧乐果乳油 2 000 倍液，或 2.5%溴氰菊酯乳油 15～20 克，兑水 40～50 千克，喷雾防治。施药时间以上午为宜，重点喷洒植株上部。

六、豆荚螟

（一）分布与危害

豆荚螟分布北起吉林、内蒙古，南至台湾、广东、广西、云南。除危害大豆，还危害豌豆、扁豆、豇豆、菜豆、四季豆、蚕豆等多种豆科植物。幼虫食害豆叶、花及豆荚，常卷叶危害或蛀入荚内取食幼嫩豆粒，严重时吃空整个豆粒，是大豆重要害虫之一。

（二）形态特征

1. 成虫 体长10～12毫米，翅展20～24毫米，暗黄褐色。前翅狭长，沿前缘有1条白色纵带，近翅基1/3处有1条黄褐色宽横带；后翅黄白色，沿外缘褐色。

2. 卵 椭圆形，初产时乳白色，渐变为红色，孵化前呈浅橘黄色，表面密布不明显的网状纹。

3. 幼虫 5龄，老熟幼虫体长约18毫米，体黄绿色，头部及前胸背板褐色。背面紫红色，腹面绿色，前胸背板上有“人”字形黑斑，两侧各有1个黑斑。后缘中央也有2个小黑斑。

4. 蛹 黄褐色，长9～10毫米，腹端尖细，并有6个细钩。蛹外包有白色丝质的椭圆形茧，外附有土粒。

（三）发生规律

豆荚螟在河南、江苏、安徽1年发生4～5代，在广东1年发生7～8代。以老熟幼虫在大豆及晒场周围土中越冬。翌年4月下旬至6月成虫羽化。成虫昼伏夜出，趋光性弱，飞翔力也不强。卵主要产在豆荚上。幼虫孵化后先在豆荚上做一丝茧，由茧内蛀入荚中食害豆粒。2～3龄幼虫有转荚危害习性，幼虫老熟后离荚入土，结茧化蛹。

（四）防治措施

1. 农业防治 选种早熟丰产、结荚期短、少毛或无毛的品种；与非豆科作物轮作；及时翻耕整地或除草松土，杀死越冬幼虫和蛹。

2. 生物防治 成虫产卵盛期释放赤眼蜂。

3. 化学防治 成虫盛发期和卵孵化盛期，可每亩用20％氯虫苯甲酰胺悬浮剂10毫升，兑水40～50千克喷雾，或选用

90%晶体敌百虫 800～1 000 倍液，或 50%杀螟硫磷乳油 1 000 倍液，或 2.5%溴氰菊酯乳油 3 000 倍液，或 20%氰戊菊酯乳油 2 000～3 000 倍液喷雾，连喷 1～2 次。

七、豆叶螨

（一）分布与危害

豆叶螨在北京、河南、浙江、江苏、四川、云南、湖北、福建及台湾等地有分布。除危害大豆，还危害菜豆、葎草、益母草等。常群集叶背或卷须上吸食汁液，形成白色斑痕，严重时导致叶片干枯或呈火烧状。有吐丝拉网习性。

（二）形态特征

1. 雌螨　体长 0.46 毫米，宽 0.26 毫米。体深红色，椭圆形，体侧具黑斑。须肢端感器柱形，长是宽的 2 倍，背感器梭形，较端感器短。气门沟末端弯曲呈“V”形。有 26 根背毛。

2. 雄螨　体长 0.32 毫米，宽 0.6 毫米，体黄色，有黑斑。须肢端感器细长，长是宽的 2.5 倍，背感器短。阳具末端形成端锤，阳茎的远侧突起比近侧突起长 6～8 倍，是与其他叶螨相区别的重要特征。

（三）发生规律

豆叶螨在北方地区 1 年发生 10 代左右，在台湾 1 年发生 21 代，以雌成螨在缝隙或杂草丛中越冬。夏季是发生盛期，繁殖蔓延速度很快；冬季在豆科植物、杂草、茶树近地面叶片上栖息，全年世代平均天数为 41 天。发育适温 17～28℃，卵期 5～10 天，从幼螨发育到成螨需 5～10 天。降水少、天气干旱的年份易发生。

（四）防治措施

1. 农业防治　大豆生长期发现有少量受害植株，可摘除虫叶烧毁，如遇有干旱天气应及时灌溉和施肥，促进植株生长，抑制叶螨增殖；收获后及时清除田内外枯枝落叶和杂草，集中烧毁或深埋，减少虫源。

2. 化学防治 在点片发生阶段，可选用5%唑螨酮乳油2 000倍液，或5%氟虫脲可分散液剂1 500倍液，或73%克螨特乳油1 000～1 500倍液，或20%哒螨酮可湿性粉剂1 500倍液喷雾防治。

八、甜菜夜蛾

（一）分布与危害

甜菜夜蛾又称贪夜蛾、玉米小夜蛾，该虫分布广泛，在我国各地均有发生。寄主植物有170余种，除危害大豆外，还危害芝麻、大豆、玉米、麻类、烟草、棉花、甜菜、青椒、茄子、马铃薯、黄瓜、西葫芦、豇豆、胡萝卜、芹菜、菠菜、韭菜、大葱等多种作物。初孵幼虫群集叶背，吐丝结网，在网内取食叶肉，留下表皮，形成透明的小孔。3龄后分散危害，可将叶片吃成孔洞或缺刻，严重时仅剩叶脉和叶柄，造成幼苗死亡，缺苗断垄，甚至毁种，对产量影响大。

（二）形态特征

1. 成虫 体长8～10毫米，翅展19～25毫米，灰褐色，头、胸有黑点。前翅中央近前缘外方有1个肾形斑，内方有1个土红色圆形斑；后翅银白色，翅脉及缘线黑褐色。

2. 卵 圆球状，白色，成块产于叶面或叶背，每块8～100粒不等，排为1～3层，因外面覆有雌蛾脱落的白色绒毛，不能直接看到卵粒。

3. 幼虫 共5龄，少数6龄。末龄幼虫体长约22毫米，体色变化很大，有绿色、暗绿色、黄褐色、褐色至黑褐色，背线有或无，颜色各异。腹部气门下线为明显的黄白色纵带，有时带粉红色，直达腹部末端，不弯到臀足上去，是区别于甘蓝夜蛾的重要特征，各节气门后上方具1个明显白点。

4. 蛹 长10毫米，黄褐色，中胸气门外突。

（三）发生视律

甜菜夜蛾在黄河流域 1 年发生 4～5 代，长江流域 1 年 5～7 代，世代重叠。通常以蛹在土室内越冬，少数以老熟幼虫在杂草上及土缝中越冬，冬暖时仍见少量取食。亚热带和热带地区可周年发生，无越冬休眠现象。成虫昼伏夜出，白天隐藏在杂草、土块、土缝、枯枝落叶处，夜间出来活动，有 2 个活动高峰期，即 19：00—20：00 和 5：00—7：00 进行取食、交配、产卵，成虫趋光性强。卵多产于叶背面、叶柄部或杂草上，卵块 1～3 层排列，上覆白色绒毛。幼虫共 5 龄（少数 6 龄），3 龄前群集危害，但食量小，4 龄后食量大增，昼伏夜出，有假死性，虫口过大时幼虫可互相残杀。幼虫转株危害常从 18：00 以后开始，3：00—5：00 活动虫量最多。常年发生期为 7～9 月，南方如春季雨水少、梅雨明显提前、夏季炎热，则秋季发生严重。幼虫和蛹抗寒力弱，北方地区越冬死亡率高，只间歇性局部猖獗危害。

（四）防治措施

1. 农业防治　秋末冬初耕翻可消灭部分越冬蛹；春季 3～4 月除草，消灭杂草上的低龄幼虫；结合田间管理，摘除叶背面卵块和低龄幼虫团，集中消灭。

2. 物理防治　成虫发生期，集中连片应用频振式杀虫灯、450 瓦高压汞灯、20 瓦黑光灯、性诱剂诱杀成虫。

3. 生物防治

（1）保护利用自然天敌。甜菜夜蛾天敌主要有草蛉、猎蝽、蜘蛛、步甲等，要注意保护利用。

（2）生物制剂防治。在卵孵化盛期至低龄幼虫期，每亩用 5 亿/克甜菜夜蛾核型多角体病毒悬浮剂 120～160 毫升，或 16 000 国际单位/毫克苏云金杆菌可湿性粉剂 50～100 克兑水喷雾。

4. 化学防治　1～3 龄幼虫高峰期，用 20％灭幼脲悬浮剂 800 倍液，或 5％氟铃脲乳油 3 000 倍液，或 5％氟虫脲分散剂 3 000 倍液喷雾。甜菜夜蛾幼虫晴天 18：00 后会向植株上部迁移，因此应在傍晚喷药防治，注意叶面、叶背均匀喷雾，使药液能直接喷到虫体及其危害部位。

九、斜纹夜蛾

（一）分布与危害

斜纹夜蛾又名莲纹夜蛾、斜纹夜盗蛾，在我国各地均有分布，以长江流域和黄河流域发生严重。此虫食性杂，寄主植物广泛，除危害豆类外，在蔬菜上可危害甘蓝、白菜、莲藕、芋头、苋菜、马铃薯、茄子、辣椒、番茄、瓜类、菠菜、韭菜、葱类等，大田作物上还危害甘薯、大豆、芝麻、烟草、向日葵、甜菜、玉米、高粱、水稻、棉花等多种作物。以幼虫危害大豆叶片为主，低龄幼虫在叶背取食下表皮和叶肉，留下上表皮和叶脉形成窗纱状；高龄幼虫可蛀食豆荚，取食叶片形成孔洞和缺刻。种群数量大时，可将植株吃成光杆或仅留叶脉。

（二）形态特征

1. 成虫　体长14～21毫米，展翅33～42毫米。体深褐色，头、胸、腹褐色。前翅灰褐色，内外横线灰白色，有白色条纹和波浪纹，前翅环纹及肾纹白边；后翅半透明，白色，外缘前半部褐色。

2. 卵　半球形，卵粒常常3～4层重叠成块，卵块椭圆形，上覆黄褐色绒毛。

3. 幼虫　幼虫体长35～47毫米，头部黑褐色，胸腹部颜色变化较大，虫口密度大时体黑色，数量少时，多为土黄色或绿色。成熟幼虫背线及气门下线灰白色，中胸及第九腹节背面各有近似半月形或三角形黑褐色斑1对，各节气门前上方或上方各有1个黑褐色不规则斑点。

4. 蛹　赤褐色至暗褐色。腹第四节背面前缘及第五～七节背、腹面前缘密布圆形刻点。气门黑褐色，呈椭圆形。腹端有臀棘1对，短，尖端不成钩状。

（三）发生规律

斜纹夜蛾在长江流域1年发生5～6代，黄河流域1年发生4～5代，华南地区可终年繁殖。6～10月为发生期，以7～8月危害严重。以蛹越冬，翌年3月羽化。成虫昼伏夜出，黄昏开始活动，对灯光、糖醋液、发酵的胡萝卜和豆饼等有强趋性。成虫有随气流迁飞习性，早春由南向北迁飞，秋天又由北向南迁飞。卵块上面覆盖绒毛。幼虫共6龄，老熟幼虫做土室或在枯叶下化蛹。初孵幼虫群栖，能吐丝随风扩散。2龄后分散危害，3龄后多隐藏于荫蔽处，4龄后进入暴食期，以21：00—24：00取食量最大。斜纹夜蛾为喜温性害虫，最适温度28～30℃，抗寒力弱。水肥条件好、生长茂密田块发生严重。土壤干燥对其化蛹和羽化不利，大雨和暴雨对低龄幼虫和蛹均有不利影响。

（四）防治措施

1. 农业防治　卵盛发期晴天9：00前或16：00后，迎着阳光人工摘除卵块或初孵“虫窝”。

2. 生物防治

（1）利用自然天敌。斜纹夜蛾自然天敌主要有草蛉、猎蝽、蜘蛛、步甲等，作物田尽量少用化学农药，可减少对天敌的杀伤。

（2）生物制剂防治。卵孵化盛期至低龄幼虫期，每亩用10亿多角体病毒/克斜纹夜蛾核型多角体病毒可湿性粉剂40～50克兑水喷雾，或100亿孢子/毫升短稳杆菌悬浮剂800～1 000倍液喷雾。

3. 物理防治　利用频振式杀虫灯、黑光灯、糖醋液或豆饼、甘薯发酵液诱杀成虫。

4. 化学防治　卵孵化盛期至低龄幼虫期，用2.5%溴氰菊酯乳油2 000～3 000倍液，或48%毒死蜱乳油1 000倍液，或20%灭幼脲悬浮剂800倍液，或1%苦皮藤素水乳剂800～1 000倍液，或1.8%阿维菌素乳油1 000倍液均匀喷雾。

十、棉铃虫

（一）分布与危害

棉铃虫又称钻桃虫、钻心虫等，分布广，食性杂，可危害大豆、棉花、玉米、高粱、小麦、水稻、烟草、大豆、芝麻、番茄、菜豆、豌豆、苜蓿、向日葵等多种农作物。以幼虫蛀食花、豆荚为主，也危害嫩茎、叶和芽。豆荚常被钻蛀，钻孔造成雨水、病菌流入引起腐烂，严重影响大豆的产量和质量。

（二）形态特征

1. 成虫 体长 15～20 毫米，前翅颜色变化大，雌蛾多黄褐色，雄蛾多绿褐色，外横线有深灰色宽带，带上有 7 个小白点，肾形纹和环形纹暗褐色。

2. 卵 近半球形，初产时乳白色，近孵化时紫褐色。

3. 幼虫 老熟幼虫体长 40～45 毫米，头部黄褐色，气门线白色，体背有十几条细纵线条，各腹节上有刚毛疣 12 个，刚毛较长。2 根前胸侧毛的连线与前胸气门下端相切，这是区分棉铃虫幼虫与烟青虫幼虫的主要特征。体色变化多，大致分为黄白色型、黄色红斑型、灰褐色型、土黄色型、淡红色型、绿色型、黑色型、咖啡色型、绿褐色型 9 种类型。

4. 蛹 长 17～20 毫米纺锤形，黄褐色，5～7 腹节前缘密布比体色略深的刻点，尾端有臀刺 2 个。

（三）发生规律

棉铃虫在辽宁 1 年发生 3 代，在西北 1 年发生 3～5 代，在黄河流域 1 年发生 4 代，在长江流域 1 年发生 4～5 代，在华南 1 年发生 6～8 代。以滞育蛹在 3～10 厘米深的土中越冬，黄河流域 4 月中旬至 5 月上旬气温 15℃以上时开始羽化。1 代主要危害小麦和春玉米等作物，2～4 代主要在豆类、棉花、玉米、大豆、番茄等作物上危害，4 代还危害高粱、向日葵和越冬苜蓿等。在大豆上，成虫卵多产在大豆中上部的嫩梢、嫩叶、幼荚、花萼和茎基上。幼虫共 6 龄，少数 5 龄或 7 龄。1 龄、2 龄幼虫有吐丝下垂习性，3 龄后转移危害，4 龄后食量大增。幼虫 3 龄前多在叶面活动危害，是施药防治的最佳时机。末龄幼虫入土化蛹，土室具有保护作用，羽化后成虫沿原道爬出土面后展翅。各虫态发育最适温度为 25～28℃，相对湿度为 70%～90%。成虫有趋光性，对半枯萎的杨树枝有很强的趋性。幼虫有自残习性。

（四）防治措施

1. 农业防治　秋田收获后，及时深翻耙地，冬灌，可消灭大量越冬蛹；选用抗虫、耐虫品种。

2. 物理防治

（1）诱杀成虫。成虫发生期，集中连片应用频振式杀虫灯、450 瓦高压汞灯、20 瓦黑光灯、棉铃虫性诱剂诱杀成虫。

（2）诱集成虫。第二、三代棉铃虫成虫羽化期，可插萎蔫的杨树枝把诱集成虫，每亩 10～15 把，每天清晨日出之前集中捕杀成虫；在豆田边种植春玉米、高粱、洋葱、胡萝卜等作物形成诱集带，可诱集棉铃虫产卵，集中杀灭。

3. 生物防治　棉铃虫寄生性天敌主要有姬蜂、茧蜂、赤眼蜂、真菌、病毒等，捕食性天敌主要有瓢虫、草蛉、捕食蝽、胡蜂、蜘蛛等，对棉铃虫有显著的控制作用。从第二代开始，每代棉铃虫卵始盛期人工释放赤眼蜂 3 次，每次隔 5～7 天，放蜂量为每次每亩 1.2 万～14 万头，每亩均匀放置 5～8 点。

棉铃虫卵始盛期，每亩 16 000 国际单位/毫升苏云金杆菌可湿性粉剂 100～150 毫升，或 10 亿多角体病毒/克棉铃虫核型多角体病毒可湿性粉剂 80～100 克兑水 40 千克喷雾。

4. 化学防治　幼虫 3 龄前选用 50%辛硫磷乳油 1 000～1 500 倍液，或 4.5%高效氯氰菊酯乳油 2 500～3 000 倍液，或 2.5%溴氰菊酯乳油 2 500～3 000 倍液均匀喷雾。

十一、豆叶东潜蝇

（一）分布与危害

豆叶东潜蝇在河南、河北、山东、江苏、福建、四川、广东、云南等地均有分布。主要寄主为大豆，也可危害其他豆科蔬菜。幼虫在叶片内潜食叶肉，仅留表皮，叶面上呈现直径1～2厘米的白色膜状斑块，每叶可有2个以上斑块，影响作物生长。

（二）形态特征

1. 成虫 小型蝇，翅长2.4～2.6毫米。具小盾前鬃及2对背中鬃，小盾前鬃长度较第一背中鬃的一半稍长，体黑色。单眼，三角尖仅达第一上眶鬃，颊狭，约为眼高的1/10。平衡棍棕黑色但端部白色。

2. 幼虫 体长约4毫米，黄白色，口钩每颚具有6个齿。前气门短小，结节状，有3～5个开孔；后气门平覆在第八腹节后部背面大部分，有31～57个开孔，排成3个羽状分支。

3. 蛹 红褐色，卵形，节间明显溢缩，体下方略平凹。

（三）发生规律

豆叶东潜蝇每年发生3代以上，7～8月发生多。成虫多在上层叶片上活动，卵产在叶片上，豆株上部嫩叶受害最重，幼虫老熟后入土化蛹。多雨年份发生严重。

（四）防治措施

1. 农业防治 加强田间管理，注意通风透光，雨后及时排除田间积水。

2. 化学防治 成虫大量活动期，幼虫未潜叶之前是防治适期。可选用2.5%高效氯氟氰菊酯乳油2 000倍液，隔7～10天喷1次，连续防治2～3次。地边、道边等处的杂草上也是成虫的聚集地，应进行防治。统一防治效果更好。

十二、大造桥虫

（一）分布与危害

大造桥虫主要发生在长江流域和黄河流域，呈间歇性、局部危害，危害大豆、大豆、棉花等作物，以幼虫蚕食叶片，严重时整株被害光秃，片叶不留。

（二）形态特征

1. 成虫　体长16～20毫米，翅展38～45毫米。体色变异大，多为灰褐色。前、后翅内横线、外横线为深褐色，条纹对应连接。前、后翅上各有1条暗褐色星纹。

2. 卵　长椭圆形，青绿色。

3. 幼虫　低龄幼虫体灰黑色，逐变为灰白色；老熟幼虫体长约40毫米，灰黄色或黄绿色，头较大，有暗点状纹。幼虫腹部第二节背中央近前缘处有1对深黄褐色毛瘤，腹部仅有1对腹足。

4. 蛹　体长14毫米左右，深褐色，有臀棘2根。

（三）发生规律

大造桥虫多数为1年发生3代。成虫多昼伏夜出，趋光性较强，多趋向于植株茂密的豆田内产卵，卵多产在豆株中上部叶片背面。幼虫5～6龄，低龄幼虫喜欢隐蔽在叶背面剥食叶肉，3龄后主要危害豆株上部叶片，食量增加，5龄后进入暴食期。

（四）防治措施

1. 物理防治　利用黑光灯、杀虫灯诱杀成虫。

2. 化学防治　在幼虫3龄前，喷施50%辛硫磷乳油1 500～2 000倍液，或90%晶体敌百虫1 000倍液，或80%敌敌畏乳油1 000～1 500倍液，或5%锐劲特悬浮剂1 500倍液，或2.5%溴氰菊酯乳油3 000倍液，或5%高效氯氰菊酯乳油2 000倍液。

十三、小造桥虫

（一）分布与危害

小造桥虫又称棉小造桥虫、小造桥夜蛾、棉夜蛾。在黄河流域和长江流域危害较重。以幼虫取食叶片、花、豆荚和嫩枝。低龄幼虫取食叶肉，留下表皮，像筛孔，大龄幼虫把叶片咬成许多缺刻或孔洞，危害严重时可将叶片食尽，只留下叶脉。

（二）形态特征

1. 成虫　体长为10～13毫米，翅展26～32毫米，头胸部橘黄色，腹部背面灰黄色或黄褐色。前翅外端呈暗褐色，有4条波纹状横纹，内半部淡黄色，有红褐色小点。雄蛾触角双栉状，雌蛾触角丝状。

2. 卵　青绿色到褐绿色，扁椭圆形。卵壳上的纵脊和横脊比较明显。

3. 幼虫　老熟幼虫体长33～37毫米，头淡黄色，体黄绿色，背线、亚背线、气门上线灰褐色，中间有不连续的白斑，以气门上线较明显。第一对腹足退化，第二对腹足较短小，第三、四对腹足足趾钩18～22个，爬行时虫体中部拱起，似尺蠖。

4. 蛹　红褐色，有3对尾刺。

（三）发生规律

在黄河流域1年发生3～4代。第一代幼虫危害盛期在7月中下旬，第二代幼虫在8月上中旬，第三代幼虫在9月上中旬。成虫有较强的趋光性，对杨树枝也有趋性，夜间取食、交配、产卵。卵散产在叶片背面。初孵幼虫活跃，有吐丝下垂习性，受惊滚动下落，常随风飘移转株危害。1～2龄幼虫常取食下部叶片，稍大则转移至上部叶片危害，4龄后进入暴食期。幼虫老熟后先吐丝后化蛹，把豆叶的一角缀成苞，有的吐丝把相邻两叶叠合在其内化蛹，小造桥虫危害多在7月下旬以后，大发生的时间与损失关系密切，发生越早损失越重。

(四)防治措施

1. 物理防治 在小造桥虫成虫发生期,在田间用杨树枝把或黑光灯、杀虫灯诱杀成虫。

2. 生物防治 保护利用天敌绒茧蜂、悬姬蜂、赤眼蜂、草蛉、胡蜂、小花蝽、瓢虫等。

3. 化学防治 在幼虫孵化盛末期到3龄盛期,可选用20%虫酰肼悬浮剂2 000倍液,或48%乐斯本乳油2 000倍液,或5%氟虫脲可分散液剂1 500倍液喷雾,交替使用。

十四、小绿叶蝉

(一)分布与危害

小绿叶蝉在全国各地普遍发生。主要危害豆科作物、禾本科作物、十字花科蔬菜、果树以及棉花、马铃薯等作物。以成虫、若虫吸食植株汁液,受害叶片出现白色斑点,严重时叶片苍白早落。

(二)形态特征

1. 成虫 体长3.3~3.7毫米,淡黄绿色。头背面略短,向前突,喙微褐色,基部绿色。前胸背板、小盾片浅绿色,常具有白色斑点。前翅半透明,淡黄白色,周缘具淡绿色细边;后翅透明膜质。

2. 卵 香蕉形,乳白色。

3. 若虫 体长2.5~3.5毫米,与成虫相似。

(三)发生规律

小绿叶蝉1年发生4~6代。以成虫在落叶、杂草中越冬或低矮绿色植物中越冬,翌年春季开始危害,8~9月虫口数量最多,危害最重,秋后以末代成虫越冬。成虫善跳,可借风力扩散。成虫、若虫喜白天活动,在叶背刺吸汁液或栖息。

(四)防治措施

1. 农业防治 秋季和春季及时清除田间及地边杂草,减少越冬虫源。

2. 药剂防治 在各代若虫孵化盛期，及时喷施2.5%溴氰菊酯乳油3 000倍液，或25%速灭威可湿性粉剂600～800倍液，或1.8%阿维菌素乳油3 000～4 000倍液，或2.5%氟氯氰菊酯乳油3 000倍液，或10%吡虫啉可湿性粉剂2 500倍液。

十五、地老虎

（一）分布与危害

地老虎又称土蚕、地蚕、黑土蚕、黑地蚕，主要种类有小地老虎、黄地老虎、大地老虎和八字地老虎等。小地老虎在我国各地均有发生，黄地老虎主要分布在西北和黄河流域。地老虎食性较杂，除危害大豆外，还可危害棉花、玉米、烟草、芝麻和多种蔬菜等作物，也取食藜、小蓟等杂草，是多种作物苗期的主要害虫。幼虫在土中咬食种子、幼芽，老龄幼虫可将幼苗基部咬断，造成缺苗断垄，1龄、2龄幼虫啃食叶肉，残留表皮呈“窗孔状”。子叶受害，可形成很多孔洞或缺刻。1头地老虎幼虫一生可危害3～5株幼苗，多的达10株以上。

（二）形态特征

1. 小地老虎

（1）成虫。体长17～23毫米，灰褐色，前翅有肾形斑、环形斑和棒形斑。肾形斑外边有1个明显的尖端向外的楔形黑斑，亚缘线上有2个尖端向里的楔形斑，3个楔形斑相对，易识别。

（2）幼虫。老熟幼虫体长37～50毫米，头部褐色，有不规则褐色网纹，臂板上有2条深褐色纵纹。

（3）蛹。体长18～24毫米，第四～七节腹节基部有一圈刻点，在背面的大而深，末端具1对臀刺。

2. 黄地老虎

（1）成虫。体长14～19毫米，前翅黄褐色，有1个明显的黑褐色肾形斑和黄色斑纹。

（2）幼虫。老熟幼虫体长 33～45 毫米，头部深黑褐色，有不规则的深褐色网纹，臀板有 2 个大块黄褐色斑纹，中央断开，有分散的小黑点。

3. 大地老虎

（1）成虫。体长 25～30 毫米，前翅前缘棕黑色，其余灰褐色，有棕黑色的肾状斑和环形斑。

（2）幼虫。老熟幼虫体长 41～60 毫米，黄褐色，体表多皱纹，臀板深褐色，布满龟裂状纹。

（三）发生规律

小地老虎在黄河流域 1 年发生 3～4 代，在长江流域 1 年发生 4～6 代，以幼虫或蛹越冬，黄河以北不能越冬。卵产在土块、地表缝隙、土表的枯草茎和根须上以及农作物幼苗和杂草叶片的背面。1 代卵孵化盛期在 4 月中旬，4 月下旬至 5 月上旬为幼虫盛发期，阴凉潮湿、杂草多、湿度大的田块虫量多，发生重。

黄地老虎在西北地区 1 年发生 2～3 代，在黄河流域 1 年发生 3～4 代，以老熟幼虫在土中越冬，翌年 3～4 月化蛹，4～5 月羽化，成虫发生期比小地老虎晚 20～30 天，5 月中旬进入 1 代卵孵化盛期，5 月中下旬至 6 月中旬进入幼虫危害盛期。黄地老虎只有第一代幼虫危害秋苗。一般在土壤黏重、地势低洼和杂草多的田块发生较重。

大地老虎在我国 1 年发生 1 代，以幼虫在土中越冬，翌年 3～4 月出土危害，4～5 月进入危害盛期，9 月中旬后化蛹羽化，在土表和杂草上产卵，幼虫孵化后在杂草上生活一段时间后越冬，其他习性与小地老虎相似。

（四）防治措施

1. 农业防治　播前精细整地，清除杂草，苗期灌水，可消灭部分害虫。

2. 物理防治　成虫发生期用频振式杀虫灯、黑光灯、杨树枝把、新鲜的桐树叶和糖醋液（糖∶醋∶酒：水＝6∶3∶1∶10）

等方法可诱杀地老虎成虫。

3. 生物防治 地老虎的主要天敌有寄生蜂、步甲、虎甲等，应保护利用天敌。

4. 化学防治

（1）毒饵诱杀。地老虎幼虫发生期，用90%晶体敌百虫100克兑水1 000克混匀后喷洒在5千克炒香的麦麸或砸碎炒香的棉籽饼上拌匀，配制成毒饵，傍晚顺垄撒施在幼苗附近可诱杀幼虫。

（2）药剂防治。低龄幼虫发生期，用90%晶体敌百虫1 000倍液或40%辛硫磷乳油1 500倍液，或20%氰戊菊酯乳油1 500～2 000倍液喷雾，注意辛硫磷浓度不能超过1 000倍液，避免产生药害。

十六、蛴螬

（一）分布与危害

蛴螬是鞘翅目金龟甲总科幼虫的总称，在我国危害最重的是大黑鳃金龟、暗黑鳃金龟和铜绿丽金龟。大黑鳃金龟国内除西藏尚未报道外，各省份均有分布。暗黑鳃金龟各省份均有分布，是长江流域及其以北旱作地区的重要地下害虫。铜绿丽金龟国内除西藏、新疆尚未报道外，其他各省份均有分布，但以气候较湿润且果树、林木多的地区发生较多。蛴螬类食性很杂，可以危害多种农作物、牧草及果树和林木的幼苗。蛴螬取食萌发的种子，咬断幼苗的根、茎，轻则缺苗断垄，重则毁种绝收。蛴螬危害幼苗的根、茎，断口整齐平截，易于识别。许多种类的成虫还喜食农作物和果树的叶片、嫩芽、花蕾等，造成严重损失。

（二）形态特征

1. 大黑鳃金龟

（1）成虫。体长16～22毫米，宽8～11毫米。黑色或黑褐色，具光泽。触角10节，鳃片部3节呈黄褐色或赤褐色，约为其后6节的长度。鞘翅长椭圆形，其长度为前胸背板宽度的2倍，每侧有4条明显的纵肋。前足胫节外齿3个；中、后足胫节末端距2根。臀节外露，背板向腹下包卷，与腹板相会合于腹面。雄性前臀节腹板中间具明显的三角形凹坑，雌性前臀节腹板中间无三角形凹坑，但具1个横向的枣红色菱形隆起骨片。

（2）卵。初产时长椭圆形，长约2.5毫米，宽约1.5毫米，白色略带黄绿色光泽；发育后期近圆球形，长约2.7毫米，宽约2.2毫米，洁白有光泽。

（3）幼虫。3龄幼虫体长35～45毫米，头宽4.9～5.3毫米。头部前顶刚毛每侧3根，其中冠缝侧2根，额缝上方近中部1根。内唇端感区刺多为14～16根，感区刺与感前片之间除具6个较大的圆形感觉器外，尚有6～9个小圆形感觉器。肛腹板后覆毛区无刺毛列，只有状毛散乱排列，多为70～80根。

（4）蛹。长21～23毫米，宽11～12毫米，化蛹初期为白色，以后变为黄褐色至红褐色，复眼的颜色依发育进度由白色依次变为灰色、蓝色、蓝黑色至黑色。

2. 暗黑鳃金龟

（1）成虫。体长17～22毫米，宽9.0～11.5毫米。长卵形，暗黑色或红褐色，无光泽。前胸背板前缘具有成列的褐色长毛。鞘翅伸长，两侧缘几乎平行，每侧4条纵肋不显。腹部臀节背板不向腹面包卷，与肛腹板相会合于腹末。

（2）卵。初产时长约2.5毫米，宽约1.5毫米，长椭圆形；发育后期呈近圆球形，长约2.7毫米，宽约2.2毫米。

（3）幼虫。3龄幼虫体长35～45毫米，头宽5.6～6.1毫米。头部前顶刚毛每侧1根，位于冠缝侧。内唇端感区刺多为12～14根；感区刺与感前片之间除具有6个较大的圆形感觉器外，尚有9～11个小的圆形感觉器。肛腹板后部覆毛区无刺毛列，只有散乱排列的钩状毛70～80根。

（4）蛹。长20～25毫米，宽10～12毫米，腹部背面具发音器2对，分别位于腹部第四、五节和第五、六节交界处的背面中央，尾节呈三角形，2尾角呈钝角岔开。

3. 铜绿丽金龟

（1）成虫。体长19～21毫米，宽10～11.3毫米。背面铜绿色，其中头、前胸背板、小盾片色较浓，鞘翅色较淡，有金属光泽。唇基前缘、前胸背板两侧呈淡黄褐色。鞘翅两侧具不明显的纵肋4条，肩部具疣状突起。臀板三角形，黄褐色，基部有1个倒的正三角形大黑斑，两侧各有1个小椭圆形黑斑。

（2）卵。初产时椭圆形，长1.65～1.93毫米，宽1.30～1.45毫米，乳白色；孵化前呈圆球形2.37～2.62毫米，宽2.06～2.28毫米，卵壳表面光滑。

（3）幼虫。3龄幼虫体长30～33毫米，头宽4.9～5.3毫米。头部前顶刚毛每侧6～8根，排成一纵列。内唇端感区刺大多3根，少数为4根；感区刺与感前片之间具圆形感觉器9～11个，居中3～5个较大。肛腹板后部覆毛区刺毛列由长针状刺毛组成，每侧多为15～18根，两列刺毛尖端大多彼此相遇或交叉，仅后端稍许岔开些，刺毛列的前端远没有达到钩状刚毛群的前部边缘。

（4）蛹。长18～22毫米，宽9.6～10.3毫米，体稍弯曲，腹部背面有6对发音器，臀节腹面上，雄蛹有4列的疣状突起，雌蛹较平坦，无疣状突起。

（三）发生规律

大黑鳃金龟在我国仅华南地区1年发生1代，以成虫在土中越冬；其他地区均是2年发生1代，成虫、幼虫均可越冬，但在2年1代区，存在不完全世代现象。在北方越冬成虫于春季10厘米土温上升到14～15℃时开始出土，10厘米土温达17℃以上时成虫盛发。5月中下旬日均气温21.7℃时田间始见卵，6月上旬至7月上旬日均气温24.3～27.0℃时为产卵盛期，末期在9月下旬。卵期10～15天，6月上中旬开始孵化，盛期在6月下旬至8月中旬。孵化幼虫除极少一部分当年化蛹羽化，大部分当秋季10厘米土温低于10℃时，即向深土层移动，低于5℃时全部进入越冬状态。越冬幼虫翌年春季当10厘米土温上升到5℃时开始活动。以幼虫越冬为主的年份，翌年春季麦田和春播作物受害重，而夏秋作物受害轻；以成虫越冬为主的年份，翌年春季作物受害轻，夏秋作物受害重。出现隔年严重危害的现象，群众谓之“大小年”。

暗黑鳃金龟在江苏、安徽、河南、山东、河北、陕西等地均是1年发生1代，多数以3龄幼虫筑土室越冬，少数以成虫越冬。以成虫越冬的，成为翌年5月出土的虫源。以幼虫越冬的，一般春季不危害，于4月初至5月初开始化蛹，5月中旬为化蛹盛期。蛹期15～20天，6月上旬开始羽化，盛期在6月中旬，7月中旬至8月上旬为成虫活动高峰期。7月初田间始见卵，盛期在7月中旬，卵期8～10天，7月中旬开始孵化，7月下旬为孵化盛期。初孵幼虫即可危害，8月中下旬为幼虫危害盛期。

铜绿丽金龟1年发生1代，以幼虫越冬。越冬幼虫在春季10厘米深的土温高于6℃时开始活动，3～5月有短时间危害。在江苏、安徽等地，越冬幼虫于5月中旬至6月下旬化蛹，5月底为化蛹盛期。成虫出现始期为5月下旬，6月中旬进入活动盛期。产卵盛期在6月下旬至7月上旬。7月中旬为卵孵化盛期，孵化幼虫危害至10月中旬。当10厘米深的土温低于10℃时，开始下潜越冬。越冬深度大多在20～50厘米。室内饲养观察表明，铜绿丽金龟的卵期、幼虫期、蛹期和成虫期分别为7～13天、313～333天、7～11天和25～30天。在东北地区，春季幼虫危害期略迟，盛期在5月下旬至6月初。

（四）防治措施

1. 农业防治　大面积秋、春耕，并随犁拾虫，腐熟厩肥，以降低虫口数量；在蛴螬发生严重的地块，合理灌溉，促使蛴螬向土层深处转移，避开幼苗最易受害时期。

2. 物理防治 使用频振式杀虫灯防治成虫效果极佳。一般6月中旬开始开灯，8月底撤灯，每日开灯时间为21：00至翌日4：00。

3. 化学防治

（1）土壤处理。可用50%辛硫磷乳油每亩200～250毫升，加水10倍，喷于25～30千克细土中拌匀成毒土，顺垄条施，随即浅锄，能收到良好效果。

（2）种子处理。拌种用的药剂主要有50%辛硫磷乳油，其用量一般为药剂：水：种子＝1：（30～40）：（400～500）。

（3）沟施毒谷。每亩用25%辛硫磷胶囊剂150～200克拌谷子等饵料5千克左右，或50%辛硫磷乳油50～100克拌饵料3～4千克撒于种沟中。

十七、蜗牛

（一）分布与危害

蜗牛又称蜒蚰螺、水牛，为软体动物，主要有灰巴蜗牛和同型巴蜗牛2种，均为多食性，除危害大豆，还危害十字花科、豆科、茄科蔬菜、谷类、果树以及棉、麻、甘薯、桑等多种作物。幼贝食量很小，初孵幼贝仅食叶肉，留下表皮，稍大后以齿舌刮食叶、茎，形成孔洞或缺刻，甚至咬断幼苗，造成缺苗断垄。

（二）形态特征

灰巴蜗牛和同型巴蜗牛成螺的贝壳大小中等，壳质坚硬。

1. 灰巴蜗牛 壳较厚，呈圆球形，壳高18～21毫米，宽20～23毫米，有5.5～6个螺层，顶部几个螺层增长缓慢，略膨胀，体螺层急剧增长膨大；壳面黄褐色或琥珀色，常分布暗色不规则形斑点，并具有细致而稠密的生长线和螺纹；壳顶尖，缝合线深，壳口呈椭圆形，口缘完整，略外折，锋利，易碎。轴缘在脐孔处外折，略遮盖脐孔，脐孔狭小，呈缝隙状。卵为圆球形，白色。

2. 同型巴蜗牛　壳质厚，呈扁圆球形，壳高 11.5～12.5 毫米，宽 15～17 毫米，有 5～6 层螺层，顶部几个螺层增长缓慢，略膨胀，螺旋部低矮，体螺层增长迅速、膨大；壳顶钝，缝合线深，壳面呈黄褐色至灰褐色，有稠密而细致的生长线。体螺层周缘或缝合线处常有一条暗褐色带，有些个体无。壳口呈马蹄形，口缘锋利，轴缘外折，遮盖部分脐孔。脐孔小而深，呈洞穴状。个体间形态变异较大。卵球形，乳白色有光泽，渐变淡黄色，近孵化时为土黄色。

（三）发生规律

蜗牛属雌雄同体、异体交配的动物，一般 1 年繁殖 1～3 代，在阴雨多、湿度大、温度高的季节繁殖很快。5 月中旬至 10 月上旬是它们的活动盛期，6～9 月活动最为旺盛，一直到 10 月下旬开始下降。

11 月下旬以成贝和幼贝在田埂土缝、残株落叶、宅前屋后的砖块瓦片等物体下越冬。翌年 3 月上中旬开始活动，蜗牛白天潜伏，傍晚或清晨取食，遇有阴雨天则整天栖息在植株上。4 月下旬至 5 月上旬成贝开始交配，此后不久产卵，成贝一年可多次产卵，卵多产于潮湿疏松的土里或枯叶下，每个成贝可产卵 50～300 粒。卵表面有黏液，干燥后把卵粒黏在一起成块状，初孵幼贝多群集在一起聚食，长大后分散危害，喜栖息在植株茂密低洼潮湿处。

一般成贝存活 2 年以上，性喜阴湿环境，如遇雨天，则昼夜活动，因此温暖多雨天气及田间潮湿地块受害较严重。干旱时，白天潜伏，夜间出来危害；若连续干旱，便隐藏起来，并分泌黏液，封住出口，不吃不动，潜伏在潮湿的土缝中或茎叶下，待条件适宜时，如下雨或浇水后，于傍晚或早晨外出取食。11 月下旬又开始越冬。

蜗牛行动时分泌黏液，黏液遇空气干燥发亮，因此蜗牛爬行的地面会留下黏液痕迹。

（四）防治措施

1. 农业防治

（1）清洁田园。铲除田间、地头、垄沟旁边的杂草，及时中耕松土、排除积水等，破坏蜗牛栖息和产卵场所。

（2）深翻土地。秋后及时深翻土壤，可使部分越冬成贝、幼贝暴露于地面冻死或被天敌啄食，卵则被晒裂而死。

（3）石灰隔离。地头或行间撒 10 厘米左右的生石灰带，每亩用生石灰 5～7.5 千克，使越过石灰带的蜗牛被杀死。

2. 物理防治 利用蜗牛昼伏夜出、黄昏危害的特性，在田间或保护地中（温室或大棚）设置瓦块、菜叶、树叶、杂草或扎成把的树枝，白天蜗牛常躲在其中，可集中捕杀。

3. 化学防治

（1）毒饵诱杀。用多聚乙醛配制成含 2.5%～6%有效成分的豆饼（磨碎）或玉米粉等毒饵，在傍晚时，均匀撒施在田垄上进行诱杀。

（2）撒颗粒剂。用 8%灭蛭灵颗粒剂或 10%多聚乙醛颗粒剂，每亩用 2 千克，均匀撒于田间进行防治。

（3）喷洒药液。当清晨蜗牛未潜入土时，用 70%氯硝柳胺 1 000 倍液，或灭蛭灵或硫酸铜 800～1 000 倍液，或氨水 70～100 倍液，或 1%食盐水喷洒防治。

十八、白粉虱

（一）分布与危害

白粉虱又名小白蛾子，是一种世界性害虫，我国各地均有发生。寄主范围广，可危害豆类、黄瓜、茄子、番茄、辣椒、甘蓝、花椰菜、白菜等作物 200 余种。成虫和若虫以刺吸式口器吸食植物叶片汁液，使叶片褪绿、变黄、萎蔫，甚至全株枯死。该虫还分泌大量蜜露，引起煤污病发生，严重影响光合作用，同时还是病毒的传播媒介，可引起多种病毒病。

（二）形态特征

1. 成虫　体长1～1.5毫米，淡黄色。翅面覆盖白蜡粉，停息时两翅合拢平覆在腹部上，通常腹部被遮盖，翅脉简单，沿翅外缘有一排小颗粒。

2. 卵　长约0.2毫米，侧面观呈长椭圆形，基部有卵柄，柄长0.02毫米，从叶背的气孔插入植物组织中，初产淡绿色，覆有蜡粉，而后渐变褐色，孵化前呈黑色。

3. 若虫　1龄若虫体长约0.29毫米，2龄约0.37毫米，3龄约0.51毫米，长椭圆形，淡绿色或黄绿色，足和触角退化，紧贴在叶片上生活；4龄若虫又称伪蛹，体长0.7～0.8毫米，椭圆形，初期体扁平，逐渐加厚呈蛋糕状（侧面观），中央略高，黄褐色，体背有长短不齐的蜡丝，体侧有刺。

（三）发生规律

白粉虱在北方温室1年发生10余代，冬天室外一般不能越冬，华中以南以卵在露地越冬。成虫羽化后1～3天可交配产卵，平均每个产卵142.5粒。也可孤雌生殖，其后代雄性。成虫有趋嫩性，在植株顶部嫩叶上产卵。卵以卵柄从气孔插入叶片组织中，与寄主植物保持水分平衡，极不易脱落。若虫在叶背面危害，3天内可以活动，当口器刺入叶组织后开始固定危害。繁殖适温为18～21℃。

（四）防治措施

1. 农业防治　黄色对白粉虱成虫有强烈的引诱作用，可以制成大小为0.3米×0.2米的黄板，上面涂10号机油，挂在豆田行间。黄板上诱满白粉虱后，用刷子将其刷掉，重新涂油，再行诱杀。

2. 化学防治　在发生初期及时用药，尤其掌握在“点片”发生阶段，可选用3%啶虫脒乳油1 500～2 000倍液，或25%吡蚜酮悬浮剂2 500～4 000倍液，或25%噻虫嗪水分散粒剂2 500～4 000倍液，或24%螺虫乙酯悬浮剂2 000～3 000倍液，或

1.8%阿维菌素乳油 1 500～3 000 倍液，或 1%甲氨基阿维菌素苯甲酸盐乳油 2 000 倍液，或 2.5%联苯菊酯乳油 1 500～3 000 倍液，对叶片正反两面均匀喷雾，喷药时间最好在早晨露水未干时进行。7 天 1 次，连续防治 2～3 次。

十九、蓟马

（一）分布与危害

蓟马在我国分布广泛，以成虫和若虫锉吸植株幼嫩组织（枝梢、叶片、花、果实等）汁液，被害的嫩叶、嫩梢变硬卷曲枯萎，植株生长缓慢，节间缩短；被害的幼嫩果实会硬化，严重时造成落果，影响产量和品质。在大豆上危害较重的主要有烟蓟马和黄蓟马等。烟蓟马寄主范围广泛，达 30 种以上，其主要寄主有豆科、十字花科以及葱、韭菜、蒜类等多种作物；黄蓟马主要危害大豆、棉花、甘薯、玉米、茄子、节瓜、黄瓜等作物，还危害葱、油菜、百合、紫云英等。危害大豆时，主要在苗期危害嫩芽及叶片，以锉吸式口器吸食叶肉，被害部位表面发白并逐渐枯死变褐，心叶及生长点受害则皱缩、卷曲，发生严重时造成大豆植株生长点坏死。

（二）形态特征

蓟马系小型昆虫，锉吸式口器。蓟马全生育阶段分卵、若虫、成虫 3 个阶段，属不完全变态类型。

1. 烟蓟马

（1）成虫。体长 1.0～1.3 毫米，黄褐色，背面色深。触角 7 节，复眼紫红色，单眼 3 个，其后两侧有 1 对短鬃。翅狭长，透明，前脉上有鬃 10～13 根排成 3 组；后脉上有鬃 15～16 根，排列均匀。

（2）卵。乳白色，长 0.2～0.3 毫米，肾形。

（3）若虫。淡黄色，触角 6 节，第四节具 3 排微毛，胸、腹部各节有微细褐点，点上生粗毛，4 龄翅芽明显，不取食，可活动，称伪蛹。

2. 黄蓟马

（1）成虫。体长 0.9～1.1 毫米，体浅黄色，触角 7 节，单眼间鬃位于单眼三角形连线的外缘，后胸盾片网状纹中具 1 对明显的钟形感觉器。雄虫 3～7 腹节有腹腺域。

（2）卵。长 0.2 毫米，肾形。

（3）若虫。黄色，复眼红色，触角 7 节，初龄若虫黄色，无翅芽，3 龄以后的若虫长出翅芽。

（三）发生规律

烟蓟马在华北地区 1 年发生 3～4 代，山东 1 年发生 6～10 代，华南 1 年发生 10 代以上。多以成虫或若虫在土缝里或未收获的葱、蒜叶鞘及杂草残株上越冬，少数以蛹在土中越冬。春季在葱、蒜返青时开始恢复活动，危害一段时间后，便飞到豆类、棉花等作物上危害繁殖。5～6 月是危害盛期。成虫活跃，能飞善跳，扩散快，白天喜在隐蔽处危害，夜间或阴天在叶面上危害，多行孤雌生殖，雄虫少见。卵多产在叶背皮下或叶脉内，卵期 6～7 天。初孵若虫不太活动，多集中在叶背的叶脉两侧危害，一般气温低于 25℃、相对湿度在 60%以下时有利于其发生，7～8 月同一时期可见各虫态，进入 9 月虫量明显减少，10 月早霜来临之前，大量蓟马迁往葱、蒜、白菜、萝卜等蔬菜田。大豆苗期（5 月末至 7 月）气候干旱有利于其发生危害。

黄蓟马在广东广州 1 年发生 20～21 代，世代重叠，无休眠期。以成虫潜伏在土块、土缝下或枯枝落叶间越冬，少数以若虫越冬。翌年 4 月开始活动，5～9 月进入发生危害高峰期，秋季受害最重。初羽化成虫有喜嫩绿的习性，十分活泼，能飞善跳，行动敏捷，怕强光，晴天成虫喜隐蔽在作物生长点取食，少数在叶背危害；雌成虫能进行孤雌生殖，常把卵产在植物叶肉组织里。发育适温 25～30℃，暖冬有利于其安全越冬，易出现翌年大发生。

因蓟马具有繁殖速度快、易发生成灾的特点，应加强田间观察，掌握发生动态，采取有力措施进行综合治理，在害虫初发期及时喷药防治。

（四）防治措施

1. 农业防治 早春清除田间杂草和枯枝残叶，集中烧毁或深埋，消灭越冬成虫和若虫；加强肥水管理，促使植株生长健壮，减轻危害。

2. 物理防治 利用蓟马趋蓝色的习性，在田间设置蓝色黏板，诱杀成虫，黏板高度与作物持平。

3. 化学防治 可选用25%吡虫啉可湿性粉剂2 000倍液，或5%啶虫脒可湿性粉剂2 500倍液，或10%吡虫啉可湿性粉剂1 000倍液，或40%乐果乳油1 000倍液，或10%多杀霉素悬浮剂2 500～3 500倍液，或6%乙基多杀菌素悬浮剂3 000～6 000倍液，或24%虫螨腈悬浮剂2 000～3 000倍液，隔7～10天喷1次，连用2～3次。

第三节 主要草害及其防治

杂草适应性强，生长发育和繁殖迅速，大量消耗土壤水分和养分，并遮挡光照，直接影响大豆生长发育，从而降低大豆的产量和品质。杂草也是病害媒介和害虫栖息的场所，在田间杂草丛生的情况下，常常引起病虫害的发生和流行。另外，田间杂草多，会影响田间管理的进行，同时对大豆收获工作也有很大影响。尤其是机械化栽培，杂草会增加机械牵引的阻力和机械损耗。当大豆田间杂草多时，应及时清除；否则，将会严重影响大豆产量。

大豆田杂草种类很多，主要危害大豆的有马唐、狗尾草、白茅、马齿苋、野苋菜、藜、铁苋菜、小蓟、大蓟、龙葵、牛筋草、画眉草、地锦等一年生杂草和香附子、小旋花、刺儿菜、节节草等多年生杂草。

防治大豆田杂草，是促进大豆正常生长发育、提高大豆产量和品质的主要措施之一。大豆生产中，除草一直是栽培管理上的重要环节。应根据大豆田杂草的发生种类、危害特点及相应的耕作栽培措施，因地制宜，分别采取农业措施除草、化学除草剂除草、除草塑料薄膜除草以及其他新技术措施除草，进行综合搭配防治，效果更好。

一、主要杂草种类

1. 马唐 俗名抓地秧、爬地虎，属禾本科一年生杂草，遍布大江南北。在北方大豆产区，每年春季3～4月发芽出土，至8～10月发生数代，茎叶细长，当5～6片真叶时，开始匍匐生长，节上生不定根芽，不断长出新茎枝，总状花序，3～9个指状小穗排列于茎秆顶部，每株可产种子2.5万多粒。由于生长快，繁殖力特别强，能夺取土壤中大量的水肥，影响大豆生根发棵和开花结实，造成大幅度减产。可采用扑草净、金都尔、拉索等化学除草剂防除。

2. 狗尾草 俗名谷莠子，属禾本科一年生杂草，在我国南北方的大豆产区均有分布。茎直立生长，叶带状，长1.5～3厘米，株高30～80厘米，簇生，每茎有一穗状花序，长2～5厘米，3～6个小穗簇生一起，小穗基部有5～6条刺毛，果穗有0.5～0.6厘米的长芒，棒状果穗形似狗尾。每簇狗尾草可产种子3 000～5 000粒，种子在土中可存活20年以上。根系发达，抗旱耐瘠，生活力强，对大豆生长影响甚大。可用甲草胺、乙草胺和金都尔等防除。

3. 蟋蟀草 俗名牛筋草，属禾本科一年生杂草。蟋蟀草是我国南北方主要的旱地杂草之一，每年春季发芽出苗，1年可生2茬。夏、秋季抽穗开花结籽，每茎3～7个穗状花序，指状排列。每株结籽4 000～5 000粒，边成熟边脱落，种子在土壤中寿命可达 5 年以上。根系发达，须根多而坚韧，茎秆丛生而粗壮，很难拔除。耐瘠耐旱，吸水肥能力强。大豆受其危害减产很大。可采用甲草胺、扑草净等防除。

4. 白茅 俗名茅草、甜草根，属禾本科多年生根茎类杂草。有长匍匐状茎横卧地下，蔓延很广，黄白色，每节鳞片和不定根，有甜味，故名甜草根。茎秆直立，高 25～80 厘米。叶片条形或条状披针形。圆锥花序紧缩呈穗状，顶生，穗成熟后，小穗自柄上脱落，随风传播。茎分枝能力很强，即使入土很深的根茎，也能发生新芽，向地上长出新的枝叶。多分布在河滩沙土大豆产区。由于白茅繁殖力快，吸水肥能力强，严重影响大豆产量的提高。采用恶草灵加大用药量防除，有很好的效果。

5. 马齿苋 俗名马齿菜，属马齿苋科，一年生肉质草本植物，茎枝匍匐生长，带紫色，叶楔状、长圆形或倒卵形，光滑无柄。花 3～5 朵，生于茎枝顶端，无梗，黄色。蒴果圆锥形，盖裂种子很多，每株可产 5 万多颗种子。马齿苋是遍布全国旱地的杂草之一。在我国北方，每年 4～5 月发芽出土，6～9 月开花结实。根系吸水肥能力强，耐旱性极强，茎枝切成碎块，无须生根也能开花结籽，繁殖特别快，能严重影响大豆产量，要及时消灭。采用乙草胺和西草净等化学除草剂，进行地膜覆盖，有较好的防除效果。

6. 野苋菜 种类很多，主要有刺苋、反枝苋和绿苋，俗名人腥菜，属苋科，一年生肉质野菜。茎直立，株高 40～100 厘米，有棱，暗红色或紫红色，有纵条纹，分枝和叶片均为互生。叶菱形或椭圆形，俯生或顶生穗状花序。每株产种子 10 万～11 万粒，种子在土壤中可存活 20 年以上。野苋菜是我国南北方旱地分布较广的杂草之一。北方每年 4～5 月发芽出土，7～8 月抽穗开花，9 月结籽。由于植株高，叶片大，根须多，吸水肥多，遮光性强，对大豆危害严重。地膜栽培时，采用西草净、恶草灵、乙草胺等除草剂均有很好的防除效果。

7. 藜 俗名灰灰菜，属藜科，是我国南北方分布较广的一年生阔叶杂草之一。在我国北方4～5月发芽出苗，8～9月结籽，每株产籽7万～10万粒。种子可在地里存活30多年。由于根系发达，植株高大，叶片多，吸水肥力强，遮光量大，种子繁殖力强，对大豆危害特别大。应及时采用乙草胺、西草净、恶草灵防除。

8. 铁苋头 俗名牛舌腺，属大戟科一年生双子叶杂草。铁苋头是我国旱地分布较广的杂草之一，在北方春季3～4月发芽出苗。虽然植株矮小，但是生活力强，条件适合时1年可生2茬，是棉铃虫、红蜘蛛的中间寄主，是危害大豆的大敌。应在春季采用化学除草剂防除，随时进行人工拔除，彻底清除。用乙草胺、西草净等化学除草剂，防除效果好。

9. 小蓟和大蓟 俗名刺儿菜，属菊科多年生杂草，全国各地均有分布。有根状茎。地上茎直立生长，小蓟株高20～50厘米，茎叶互生，在开花时凋落。叶矩形或长椭圆形，有尖刺，全缘或有齿裂，边缘有刺，头状花序单生于顶端，雌雄异柱，花冠紫红色，花期在4～5月。主要靠根茎繁殖，根系很发达，可深达2～3米，由于根茎上有大量的芽，每处芽均可繁殖成新的植株，再生能力强。因其遮光性强，对大豆前中期生育影响很大，而且也是蚜虫传播的中间寄主植物。可应用乙草、西草净和恶草灵等化学除草剂防除。

10. 香附子 俗名旱三凌、回头青，属莎草科旱生杂草。分布于我国南北方沙土旱作大豆产区。茎直立生长，高20～30厘米。茎基部圆形，地上部三棱形，叶片线状，茎顶有3个花苞，小穗线形，排列呈是复伞状花序，小穗上开10～20朵花，每株产1 000～3 000粒种子。有性繁殖靠种子，无性繁殖靠地下茎。地下茎分为根茎、鳞茎和块茎，繁殖力特强。在我国北方该草4月初块茎、鳞茎和少量种子发芽出苗，5月大量繁茂生长，6～7月开花，8～10月结籽，并产生大量地下块茎，在生长季节，如只锄去地上部株苗，其地下茎1～2天就能重新出土，故称“回头青”。繁殖快，生活力强，对大豆危害大。可用西草净和扑草净防除。

11. 龙葵 俗名野葡萄，属茄科一年生杂草，株高30～40厘米，茎直立，多分枝、枝开散。基部多木质化，根系较发达，吸水肥力强。植株占地范围广，遮光严重。龙葵喜光，适宜在肥沃、湿润的微酸性至中性土壤中生长。种子繁殖生长期长，在大豆田5～6月出苗，7～8月开花，8～9月种子成熟，植株至初霜时才能枯死，大豆全生育期均遭其危害。可用乙草胺等化学除草剂防除。

二、农业措施除草

1. 合理轮作 轮作换茬，可从根本上改变杂草的生态环境，有利于改变杂草群体、减少伴随性杂草种群密度，恶化杂草的生态环境，创造不利于杂草生长的环境条件，是除草的有效措施之一，尤其是水旱轮作，效果更好。与玉米、小麦、高粱、谷子、甘薯等作物轮作，轮作周期应不少于3年。

2. 深翻土地 深翻能把表土上的杂草种子较长时间埋入深层土壤中，使其不能正常萌发或丧失生活能力，较好地破坏多年生杂草的地下繁殖部分。同时，将部分杂草的地下根茎翻至土表，将其冻死或晒干，可以消灭多种一年生和多年生杂草。

3. 施用充分腐熟的有机肥 有机肥中常混有大量具有发芽能力的杂草种子。土杂肥腐熟后，其中的杂草种子经过高温氨化，大部分丧失了生活力，可减轻危害。所以，施用充分腐熟的有机肥，是防治杂草的重要环节。

4. 中耕除草 在大豆生育期间，分期适当中耕培土，是清除大豆田间杂草的重要措施。尤其在东北春大豆区，是以垄作为主体的耕作栽培方式，分期中耕培土，对消除田间杂草具有更显著的作用。大豆生长前期结合中耕除草，是常用的基本除草方法，是及时清除大豆田间杂草、保证大豆正常生长发育的重要手段。

三、化学除草剂除草

使用化学除草剂防治大豆田杂草，能大幅度提高劳动生产率，减轻劳动强度。尤其对地膜覆盖大豆田进行化学除草，使一般机械难以除掉的株间杂草得到清除，也使传统的耕作栽培法得到了改进。用于大豆田的除草剂种类繁多，各有特点，可根据大豆田杂草发生的具体情况选择除草剂品种，在使用过程中严格按照使用书使用，最好在喷施前先小面积试验，掌握最佳用量，以利于提高药效，防止药害。

1. 氟乐灵　氟乐灵乳剂，橙红色，又名茄科宁、氟特力。氟乐灵为进口产品，剂型较多，是一种选择性低毒除草剂。氟乐灵施入土壤后，潮湿和高温会挥发，光解作用会加速药剂的分解速度导致失效。适用于播前土壤处理和播后芽前土壤处理。主要防除禾本科杂草。其防除杂草的持效期为3～6个月。氟乐灵有杀伤双子叶植物子叶和胚轴的能力，在杂草发芽时，直接接触子叶或被根部吸收传导，能抑制分生组织的细胞分裂，使杂草停止生长而死亡，具有高效安全的特点。无论是露地栽培还是覆膜栽培，一定要先播种覆土再施药覆膜，以免伤苗。严格按照使用说明的标准用药。兑水后均匀喷雾于地表，并及时交叉浅耙垄面，将药液均匀混拌入3厘米左右的表土层中。氟乐灵对一年生单子叶、双子叶杂草都有较好的防效。对马唐草、蟋蟀草、狗尾草、画眉草、千金子、稗草、碎米莎草、早熟禾、看麦娘等一年生杂草有显著防效，兼防苋菜等阔叶杂草，可与灭草猛、赛可津、灭草丹、拉素、农思它等除草剂混用，每亩用48%氟乐灵乳油80～120毫升，兑水40～50千克后均匀喷雾。

2. 扑草净　国产可湿性白色粉剂，剂型较多。扑草净是一种内吸传导型选择性低毒除草剂，对金属和纺织品无腐蚀性；遇无机酸、碱分解；对人、畜和鱼类毒性很低。能抑制杂草的光合作用，使之因生理饥饿而死。对杂草种子萌发影响很小，但可使萌发的幼苗很快死亡。主要防除马唐、稗草、牛毛草、鸭舌草等一年生单子叶杂草，马齿苋等一年生双子叶恶性杂草，部分一年生阔叶类杂草及部分禾本科、莎草科杂草，中毒杂草产生失绿症状，逐渐干枯死亡，对大豆安全。扑草净是一种芽前除草剂，于大豆播后出苗前使用，田间持效期 40～70 天，适用于播前土壤处理和播后芽前土壤处理。每亩用 80%扑草净可湿性粉剂 50～70 克，兑水 50 千克后均匀喷雾。严格按照使用说明的标准用药。使用前将扑草净兑水后搅拌，使药粉充分溶解，于大豆播种后均匀喷于垄面，随即覆盖地膜。其他措施同氟乐灵。扑草净还可与甲草胺混合使用，效果很好。

注意事项：①药量要称准，土地面积要量准，药液喷洒要喷匀，以免产生药害。②该除草剂在低温时效果差，春播大豆可适当加大药量。气温高过 30℃时易生药害，因此夏播大豆要减少药量或不用。

3. 灭草丹 主要防除一年生禾本科杂草、香附子和一些阔叶类杂草，田间持效期 40～60 天。每亩用 70%灭草丹乳油 180～250 毫升，兑水 50 千克后均匀喷雾。其他措施同氟乐灵。

4. 乙草胺 又名绿莱利、消草安。乙草胺为 50%乳油制剂，是国产除草剂，是一种旱田选择性低毒性芽前除草剂，对人、畜安全。主要是抑制和破坏杂草种子细胞蛋白酶。单子叶禾本科杂草主要是由芽鞘将乙草胺吸入株体；双子叶杂草主要是从幼芽、幼根将乙草胺吸入株体。被杂草吸收后，可抑制芽鞘、幼芽和幼根的生长，致使杂草死亡。但大豆吸收后能很快将其代谢分解，不产生药害而安全生长。主要防除马唐、稗草、狗尾草、早熟禾、蟋蟀草、野藜等一年生禾本科杂草，对野苋菜、藜、马齿苋防效也很好，对多年生杂草无效。在土壤中的持效数期为 8～

10周。

（1）施用方法。乙草胺为芽前选择性除草剂，必须在大豆播种后出苗前喷施于地面，覆盖地膜栽培比露地栽培防效高。覆盖地膜栽培的每亩用药量50～100毫升，露地栽培每亩用药量150～200毫升，兑水50～75千克，搅拌使药液乳化。于大豆播种后，整平地面，将药液全部均匀地喷于垄面。地膜栽培的，于喷药后立即覆盖地膜；大豆出苗后可与盖草能混合使用喷洒地面，既抑制了萌动尚未出土的杂草，又杀死了已出土的杂草，提高防效。

（2）注意事项。①乙草胺的防效与土壤湿度和有机质含量关系很大，覆盖地膜栽培和沙地用药量应酌情减少，露地栽培和肥沃黏壤土地用药量可酌情增加。②黄瓜、水稻、菠菜、小麦、韭菜、谷子和高粱等作物对其敏感，切忌施用。③对人、畜和鱼类有一定毒性，施用时要远离饮水、河流、池塘及粮食饲料等，以防污染。④对眼睛、皮肤有刺激性，应注意防护。⑤有易燃性，储存时，应避开高温和明火。并可与速收混用，扩大杀草谱。

5. 甲草胺　又名拉索、草不绿。剂型较多。甲草胺是一种播后芽前施用的选择性除草剂，其药效主要是通过杂草芽鞘吸入植物体内而杀死苗株。一次施药可控制大豆全生育期的杂草，同时不影响下茬作物生长。对人、畜毒性很小，持效期为2个月左右。主要防除一年生禾本科杂草及异型莎草等。对马唐、狗尾草等单子叶杂草防效较高，对野苋菜、藜等双子叶杂草防效较低。甲草胺是推广大豆地膜覆盖栽培以来大面积应用的除草剂之一。甲草胺为芽前除草剂，在大豆播种后出苗前按覆盖地膜栽培每亩用48%甲草胺乳剂150毫升，露地栽培每亩用200毫升。用时兑水50～75千克均匀搅拌为乳液，充分乳化后喷施。露地栽培的大豆在播种覆土耙平后至出苗前5～10天均匀喷洒于地面，禁止人、畜进地践踏；覆膜的大豆要在播种覆土后立即喷药，药液要喷匀，要把全部药液喷完，然后覆膜，膜与地面要贴紧、压实，以保持土壤温、湿度。土壤保持一定湿度后，更能发挥其杀草效能，因此施用甲草胺的效果覆膜栽培好于露地栽培。南方大豆产区气候湿润可露地栽培施药。北方气候干燥可覆膜施药。

另据试验，对野苋菜、马齿苋、苍耳、龙葵等双子叶阔叶杂草较多的大豆田，甲草胺可与除草醚、扑草净等除草剂混用以扩大杀草谱，提高除草率。

注意事项：①该乳剂对眼睛和皮肤有一定刺激作用，如溅入眼内和皮肤上要立即用清水洗干净。②能溶解聚氯乙烯、丙烯腈等塑料制品，需用金属、玻璃器皿盛装。③遇冷（低于 0℃）易出现结晶，已结晶的甲草胺在 15～20℃时可再溶化，对药效没有影响。

6. 恶草灵　又名农思它。恶草灵为进口产品，剂型较多。

（1）作用与效果。恶草灵对人、畜、鱼类和土壤、农作物低毒低残留，施用安全。恶草灵是芽前和芽后施用的选择性除草剂。芽前施主要是杀死杂草的芽鞘；芽后施主要是通过杂草地上部芽和叶吸入株体，使之在阳光照射下死亡。主要防除一年生禾本科杂草和部分阔叶类杂草，对马唐、牛毛草、狗尾草、稗草、野苋菜、藜、铁苋头等单、双子叶杂草都有较好的防效，兼治香附子、小旋花等多年生杂草，对多年生禾本科杂草雀稗也有很好的杀灭效果，总杀草率达 94.5%～99.5%。如果土壤湿度条件较好，加大用药量，对白茅和节节草等多年生恶性杂草，也有很好的防除效果。它在土壤中的持续有效期为 80 天以上。据试验测定，大豆芽前喷施后，在苗期杀草率达 98.1%，开花下针期杀草率达 99.4%。恶草灵在苗后喷施对整株的酢浆草和田旋花（又名打碗花）特别有效。苗后喷施对禾本科杂草不是十分有效。

（2）施用方法和注意事项。

①施用方法。恶草灵对杂草的防效主要是芽前，因此施药期应在大豆播种后出苗前进行，一般不采取芽后施用。覆盖地膜田块由于保持土壤湿润，杀草效果优于露地栽培。每亩施药量以

12%恶草灵乳油 150～175 毫升或 25%恶草灵乳油 75～150 毫升为宜，兑水 50～75 千克，在大豆播种后、覆膜前均匀喷于地面。

②注意事项。一是恶草灵对人、畜毒性虽小，但切忌吞服。如溅到皮肤上，应用大量肥皂水冲洗干净；溅到眼睛里，用大量干净的清水冲洗。二是恶草灵易燃，切勿存放在热源附近。③使用的喷雾器械要在充分冲洗干净后，才能用来喷施农药。

7. 金都尔　又名屠莠胺、杜尔、异丙甲草胺。金都尔为进口的 72%异丙甲草胺乳油，为地膜覆盖大豆大面积应用的一种芽前选择性除草剂。

(1) 作用与效果。主要通过芽鞘或幼根进入植物体内，杂草出土不久就被杀死，一般杀草率为 80%～90%。对马唐、稗草、藜等一年生单子叶杂草，防效为 90.7%～99%；对荠菜、野苋、马齿苋等双子叶杂草，防效为 66.5%～81.4%，金都尔在大豆播前施用后的持效期为 3 个月。大豆封垄后对行间的禾本杂草仍有防效，3 个月后药力活性自然消失，对后茬禾本科作物无影响。

(2) 施用方法和注意事项。

①施用方法。金都尔在大豆播种后、覆膜前地面喷施。每亩用量以 100～150 毫升为宜。沙土地或覆膜大豆栽培用量可少些，露地栽培或土层较黏的地块及旱地可多些，水田地大豆可少些。每亩用适量除草剂兑水 50～75 千克搅匀后均匀喷施于大豆地，要均匀地将药液全部喷完。

②注意事项。一是金都尔除草剂易燃，储存时温度不要过高。二是严格按推荐用量喷药，以免大豆产品出现残毒问题。三是无专用解毒药剂，施用时要注意安全。对一年生禾本科杂草有特效，对部分小粒种子的阔叶杂草也有一定效果。每亩用 72%金都尔 120～150 毫升。

8. 除草通　主要防除一年生禾本科杂草及部分阔叶类杂草。每亩用 33%除草通 150～250 毫升。大豆播后芽前除草剂的防除效果与土壤湿度密切相关，土壤湿润时，药剂扩散，杂草萌发齐而快，防除效果好。土壤干旱、墒情差时，药剂不易扩散，防除效果差。因此，在土壤墒情差时，可结合浇水或加大喷水量（药量不变），提高药效。苗后茎叶喷雾。

9. 速收 主要防除阔叶类杂草及部分禾本科杂草，每亩用50%速收8～12克，兑水50千克，均匀喷于地表。为扩大杀草谱，可与乙草胺、金都尔混用。方法为每亩用速收4克加乙草胺80～120毫升或金都尔100～120毫升。

10. 高效盖草能 高效盖草能是一种芽后选择性低毒除草剂，主要防除一年生和多年生禾本科杂草，对抽穗前一年生和多年生禾本科杂草的防除效果很好，对阔叶杂草和莎草无效。大豆2～4叶期、禾本科杂草3～5叶期施药。防除一年生禾本科杂草，每亩用10.8%高效盖草能20～30毫升，喷施于杂草茎叶。干旱情况下可适当提高用药量。防除多年生禾本科杂草，每亩用30～40毫升。当大豆有禾本科杂草和苋、藜等混生，可与苯达松、杂草焚混用，扩大杀草谱，提高防效。每亩用高效盖草能20～25毫升加克阔乐10～20毫升，也可用苯达松100～150毫升，可防除多种单、双子叶杂草，其他措施同收乐通。

11. 收乐通 收乐通主要防除一年生和多年生禾本科杂草，于杂草2～4叶期施药。每亩用12%收乐通30～40毫升，兑水30～40千克。晴天上午喷雾。

12. 稳杀得 稳杀得主要防除禾本科杂草。每亩用35%稳杀得或15%精稳杀得50～70毫升，防除一年生禾本科杂草；每亩用35%稳杀得80～120毫升，防除多年生禾本科杂草。为扩大杀草谱，可与克阔乐或苯达松混用。方法同高效盖草能。

13. 克草星 克草星是大豆田专用除草剂。施药时期为杂草高度5厘米以下、大豆2～3片复叶期。每亩用6%克草星50～60毫升。其他措施同收乐通。

14. 普杀特 又名豆草唑。普杀特系低毒除草剂，为选择性芽前和早期苗后除草剂，适用于豆科作物防除一年生、多年生禾本科杂草和阔叶杂草等，杀草谱广，可在大豆播后苗前喷于土壤表面，也可在大豆出苗后茎叶处理。用药量同乙草胺。在单子叶、双子叶混生的大豆田，可与除草通或乙草胺混合施用，提高药效。温度、湿度、风速等环境条件对药效有一定影响。

（1）温度。施药时温度过高，一是使杂草叶片气孔关闭，影响对药剂的吸收；二是使药剂挥发快，造成有效成分的损失，从而影响药效。另外，在高温条件下，大豆对触杀型除草剂如杂草焚、氟磺胺草醚、克阔乐、乙羧氟草醚等吸收、传导快，易产生药害。施药时，若温度过低，大豆对内吸性除草剂（如普施特等）降解能力差，也容易产生药害。所以，施用茎叶处理除草剂适宜的温度是15～25℃，低于13℃或高于28℃时不宜施药。

（2）相对湿度。在长期干旱条件下，多数杂草蜡质层加厚，同时叶片气孔关闭，影响药剂进入植物体内，从而降低除草效果。施用茎叶处理除草剂，空气相对湿度低于65%就会影响药效。

（3）风速。风速过大会造成雾滴飘移、喷雾不匀，影响药效或造成药害，喷药时要求风速在每秒4米以下。

遇高温干旱年份，即使在晚间也很难满足施药条件。因此，可在喷洒除草剂时加入非离子表面活性剂和植物油性助剂。助剂有以下作用：一是增加药液黏度，使雾滴直径增加，减少雾滴飘移和挥发，提高药剂利用率；二是降低药液表面张力，增加叶面对药液的黏着量；三是增加雾滴在叶表面的扩展面积，增强渗透性，促进叶片对药剂的吸收，同时还可减少雨水对药液的冲刷。

四、塑料薄膜除草

除草药膜是含除草药剂的塑料透光薄膜。具体做法是将除草剂按一定的有效成分溶解后均匀涂压或者喷涂至塑料薄膜的一面。在大豆播种后，覆盖土壤表面封闭播种行，然后打孔点播或者破孔出苗，药膜上的药剂在一定的湿度条件下，与水滴一起转移到土壤表面或者下渗至一定深度，形成药层进而发挥除草作用。

使用除草药膜，不需喷除草剂，不需备药械，工序简单，不仅省工，除草效果好，药效期长，而且除草剂的残留明显低于直接喷除草剂覆盖普通地膜。

1. 甲草胺除草膜 每 100 米^{2}含药 7.2 克，除草剂单面析出率 80%以上。经各地使用后测定，对马唐、稗草、狗尾草、画眉草、莎草、藜、苋等杂草的防除效果在 90%左右。

2. 扑草净除草膜 每 100 米^{2}含药 8 克，除草剂单面析出率 70%～80%。适用于防除大豆田和马铃薯、胡萝卜、番茄、大蒜等蔬菜田主要杂草，防除一年生杂草效果很好。

3. 异丙甲草胺除草膜 有单面有药和双面有药 2 种。单面有药注意用时药面朝下。对防除大豆田的禾本科杂草和部分阔叶杂草效果很好，防治效果在 90%以上。

4. 乙草胺除草膜 杀草谱广，对大豆田的马唐、牛筋草、铁苋菜、苋菜、马齿苋、莎草、刺儿菜、藜等，防效高达 100%，是大豆田除草药膜中较理想的一种除草药膜。

5. 有色膜除草 有色膜是不含除草剂、基本不透光的塑料薄膜，有色膜是利用基本不透光的特点，使部分杂草种子不能发芽出土，部分能发芽出土的，不见阳光也不能生长。用于生产的主要有色膜有黑色地膜、银灰地膜、绿色地膜、黑白相间地膜等。有色膜除草效果也较好，尤其对防除夏大豆田杂草效果突出。在除草的同时，如银灰地膜，还可驱避豆蚜等害虫。黑色地膜既可以除草，还可提高地温，增加产量。由于有色膜不含化学除草剂，因此无毒、无残留，适用于生产绿色食品大豆和有机食品大豆，是可持续发展农业的理想产品。

乙草胺除草膜和有色膜除草在覆盖时，大豆垄必须耙平耙细，膜要与土贴紧，注意不要用力拉膜，以防影响除草效果。

附录一　鲜食大豆品种品质（NY/T 3705—2020）

ICS 67.060
B 23

NY

中华人民共和国农业行业标准

NY/T 3705—2020

鲜食大豆品种品质

Vegetable soybean varieties quality

2020-08-26 发布　　2021-01-01 实施

中华人民共和国农业农村部　发布

前　　言

本标准按照 GB/T 1.1—2009 给出的规则起草。

本标准由农业农村部种植业管理司提出并归口。

本标准起草单位：浙江省农业科学院蔬菜研究所、浙江省种子管理总站、中国农业科学院油料作物研究所、江苏省种子管理站、福建省种子管理总站。

本标准主要起草人：吴伟、龚亚明、刘娜、张古文、冯志娟、李燕、杨中路、张玉明、滕振勇。

鲜食大豆品种品质

1　范围

本标准规定了鲜食大豆品种品质的术语和定义、分类、质量要求、检验方法和检验规则。

本标准适用于鲜食大豆品种的选育、审定和推广，不适用于市场销售。

2　规范性引用文件

下列文件对于本文件的应用必不可少。凡是注日期的引用文件，仅注日期的版本适用于本文件。凡是不注日期的引用文件，其最新版本（包括所有的修改单）适用于本文件。

GB 5009.5—2016　食品安全国家标准　食品中蛋白质的测定

GB 5009.6—2016　食品安全国家标准　食品中脂肪的测定

GB 5009.9—2016　食品安全国家标准　食品中淀粉的测定

NY/T 1278　蔬菜及其制品中可溶性糖的测定　铜还原碘量法

3　术语和定义

下列术语和定义适用于本文件。

3.1

鲜食大豆　vegetable soybean

又称菜用大豆，俗称毛豆。指豆荚呈绿色、籽粒尚未达到完全成熟、生理上处于鼓粒盛期、采收用作蔬菜食用的大豆。

3.2

品种品质　variety quality

以鲜食大豆品种在适宜季节露地种植的鲜豆荚和豆粒为试样，对各项品质性状分析测定的数据进行综合评判的结果。

3.3

荚长　pod length

豆荚两端的直线距离。

3.4

荚宽　pod width

豆荚的最大宽度。

3.5

每荚粒数　seed number per pod

每个鼓粒饱满豆荚所含籽粒个数。

3.6

标准荚　standard pod

每荚饱满豆粒数在2粒及以上、无病斑、无虫蛀及无机械损伤的豆荚，包括标准二粒荚、标准三粒荚等。

3.7

百粒鲜重　fresh weight of one hundred seeds

100粒饱满、无病斑、无虫蛀及无机械损伤的鲜豆粒重量。

3.8

每1 000 g标准二粒荚数　number of one kilogram standard pods with two seeds

每1 000 g标准二粒荚所包含的豆荚数。

3.9

标准荚比例　standard pod percentage

标准荚个数占试样总荚数的百分比。

3.10

荚色　pod color

新鲜食用豆荚在最适宜采摘期固有的豆荚颜色。

3.11

鼓粒盛期　seed full filling stage

荚内鲜籽粒体积达到最大、豆荚颜色仍为绿色或淡绿色的时期。

4　分类

根据鲜食大豆的种植季节分为两类：春季鲜食大豆和夏秋季鲜食大豆。

——春季鲜食大豆：春季播种的鲜食大豆。

——夏秋季鲜食大豆：夏秋季播种的鲜食大豆。

5 质量要求

鲜食大豆品种品质等级见表1。

表1 鲜食大豆品种品质等级

品质性状		等级		
		一级	二级	三级
荚长，cm	春季鲜食大豆	≥5.20	≥4.90，＜5.20	≥4.60，＜4.90
	夏秋季鲜食大豆	≥5.80	≥5.40，＜5.80	≥5.00，＜5.40
荚宽，cm		≥1.40	≥1.30，＜1.40	≥1.20，＜1.30
每1 000 g标准二粒荚数，个	春季鲜食大豆	≤290	＞290，≤325	＞325，≤360
	夏秋季鲜食大豆	≤260	＞260，≤300	＞300，≤340
百粒鲜重，g		≥85.0	≥80.0，＜85.0	≥75.0，＜80.0
标准荚比例，%		≥60.0		
荚色		绿	淡绿	
可溶性糖，%		≥3.0	≥2.6，＜3.0	≥2.2，＜2.6
淀粉，%		≥5.1	≥4.4，＜5.1	≥3.7，＜4.4
蛋白质（干基），%		≥20.0		
脂肪（干基），%		≥12.0		
口感评分		≥82.0	≥79.0，＜82.0	≥76.0，＜79.0

6 检验方法

6.1 荚长、荚宽

从供试样品中随机抽取30个标准二粒荚，每10个豆荚为一组，分成3组，将10个豆荚首尾相连直线排列测量其总荚长，并同向紧密相连排列测量其总荚宽，计算平均值。以cm为单位，保留2位小数。测量荚长相对误差＜0.10 cm，测量荚宽相对误差＜0.05 cm，如果误差超出允许范围需要重新检测。

6.2 每1 000 g标准二粒荚数

从供试样品中随机称取1 000 g标准二粒荚，统计豆荚数目。重复3次，计算平均值。以个为单位，结果保留整数。

6.3 百粒鲜重

从供试样品中随机抽取100个饱满、无病斑、无虫蛀及无机械损伤的鲜豆粒（含包衣），称重。重复3次，计算平均值。以g为单位，结果保留1位小数。

6.4 标准荚比例

从供试样品中随机称取豆荚1 000 g，分别统计总荚数及标准荚数，计算标准荚占总荚数比例。结果保留1位小数。

6.5 荚色

从供试样品中随机称取标准荚50 g，置于白色洁净的瓷盘中，在充足的自然光线下与比色卡比对，观测豆荚整体颜色。

6.6 可溶性糖

按NY/T 1278的规定执行。

6.7 淀粉

按GB 5009.9—2016第一法的规定执行。

6.8 蛋白质

按GB 5009.5—2016第一法的规定执行。

6.9 脂肪

按 GB 5009.6—2016 第一法的规定执行。

6.10 口感评分

按附录 A 的规定执行。

7 检验规则

7.1 取样与保存

按附录 B 的规定执行。

7.2 检验结果

达到品种品质等级要求中一级全项性状的，定为一级；有一项或一项以上性状达不到一级，则降一级为二级；有一项或一项以上性状达不到二级的，则降为三级；依此类推，标准荚比例、蛋白质、脂肪性状统一只作三级性状要求。三级以下的鲜食大豆品质判定为等外。

附 录 A
（规范性附录）
口感品质评定办法

A.1 器具

A.1.1 电热锅。

A.1.2 漏勺。

A.1.3 计时器。

A.1.4 白色磁盘。

A.1.5 口感品质评分表。

A.2 口感品质评定

A.2.1 口感品质评定方法

随机称取 150 g 标准荚放入漏勺中，把漏勺放入足量煮沸纯净水的电热锅中，待锅内的水再次煮沸后，百粒鲜重＜85 g、≥85 g 的样品分别煮 3 min、4 min，将豆荚捞出立即放入常温的纯净水中冷却，置于白色瓷盘中。同批次品尝的样品同一批煮熟，不同供试样品分别放入不同漏勺以区分。评定人员由不同性别和年龄 7 人（含）以上组成，对各样品分别进行品尝，剥出豆粒，慢慢咀嚼，在咀嚼过程中品味其甜味、糯性、硬度、鲜味和风味，并与对照品种进行比较，再根据口感品尝评分的赋分标准（见表 A.1）得出样品评分。

口感品尝不得在饭前或饭后 60 min 内进行，评定人员品尝前不得食用辛、辣、苦、酸、甜味食物和酒等。口感评定组织者在品尝前对评定标准进行说明，评定人员对部分样品试尝。每批品尝样品数量不得超过 12 个，每个样品品尝前用纯净水漱口；两批样品品尝时间间隔在 30 min 以上。

表 A.1　鲜食大豆口感品尝评分项目及其赋分标准

品评人：　　　　　　　　　　　　　　　　　　　　　　年　月　日

项目	分值	赋分标准
甜味	25	具有甜味 20 分～25 分 具有淡甜味 15 分～20 分 基本无甜味 1 分～15 分
糯性	25	富有糯性 20 分～25 分 糯性一般 15 分～20 分 基本无糯性 1 分～15 分
硬度	20	柔软 15 分～20 分 脆 10 分～15 分 硬 1 分～10 分
鲜味	15	鲜味足 12 分～15 分 鲜味一般 9 分～12 分 基本无鲜味 1 分～9 分
风味	15	具有香味，无豆腥味 12 分～15 分 具有淡香味，无豆腥味 9 分～12 分 香味不足或有豆腥味 1 分～9 分

口感评分时对于品比试验、区域试验、生产试验以试验优质对照品种作评分对照，其他口感评分选择有代表性同类型优质品种作评分对照，并确定其合理的分值作为评分对照（基准分值）。优质对照品口感评分总分设置为 80 分，其中，甜味 20 分，糯性 20 分，硬度 16 分，鲜味 12 分，风味 12 分。

A.2.2　统计分数

各项口感品评得分合计后保留 1 位小数，每组 7 人（含）以上分别评分，由品质得分结果计算平均值，即为某样品的口感评分。

附录B
(规范性附录)
取样与样品保存方法

B.1　分期播种

根据一组试验（包括对照）不同品种的生育期特性调整每个品种的播种期，实行分期播种、同期采收，每品种种植面积不小于7 m^2，确保每组试验取样时各品种均处于最适宜采收期。

B.2　取样时间

当田间85%以上植株豆荚鼓粒饱满、80%～90%籽粒达到鼓粒盛期为最佳采收期，在晴天9：00以前豆荚干燥条件下进行采收取样。

B.3　样品数量

田间每个鲜食大豆品种取生长势一致的典型植株50株以上，摘取所有豆荚，豆荚样品随机取样2 000 g。

B.4　样品保存

取样后立即放入保鲜袋缄口，并置于冰桶内保持低温储存，速带回品质检测室进行品质检测，外观及口感品质检测取样当日完成；营养品质检测样品包装放入液氮内速冻后置于－18 ℃冰箱保存，2周内完成营养品质检测。

附录二　浙江省鲜食大豆品种区域试验调查记载项目及标准

1　田间调查性状及物候期

1.1　播种期：播种当天的日期，以月/日表示。

1.2　出苗期：50%以上的幼苗子叶出土时的日期，以月/日表示。

1.3　开花期：50%的植株开始开花的日期，以月/日表示。

1.4　采收期：绿色饱满豆荚达80%时为采收适期，以月/日表示。

1.5　生育期：从出苗的当日起至采收鲜荚当天的日数。

1.6　叶形：开花盛期调查植株中上部发育成熟的三出复叶中间小叶的形状。分为披针形、椭圆形、卵圆形和圆形4类。

1.7　花色：指花瓣颜色，分为白色、紫色2种。

1.8　茸毛色：植株茎秆中上部或荚皮上茸毛的颜色，分为灰色和棕色。

1.9　青荚色：采摘时荚的颜色，分为淡绿色、绿色、深绿色3种。

1.10　荚型：分为直型、弯镰型和弯曲程度不同的中间型。

1.11　株型：指植株生长的形态，成熟期调查下部分枝的着生方向，测量与主茎的自然夹角。分为收敛、开张、半开张3种。

收敛：植株整体较紧凑，下部分枝与主茎角度小于30°以内。

开张：植株上下均松散，下部分枝与主茎角度大于60°。

半开张：介于上述两型之间，下部分枝与主茎角度在30°～60°。

1.12 结荚习性：分为有限、亚有限和无限3种。

有限：主茎在开花时即不再出现新的叶片，开花结荚顺序由中上部而下，多长花序，结荚密集，主茎顶端结荚成簇。

亚有限：主茎顶端生长特性和结荚状况介于无限与有限之间，花序中等，结荚状况介于无限与有限之间，主茎顶端荚簇较小（一般3～4个荚）。

无限：主茎开花时顶部仍可产生新的叶片，顶端叶片小，开花结荚顺序由下而上，花序短，结荚分散，主茎顶端荚不成簇（一般1～2个荚）。

1.13 倒伏性：除记载倒伏时期和原因外，在成熟前后观察植株倒伏程度，分为5级。

1级　不倒：全部植株直立不倒。

2级　轻倒：0＜倒伏植株率≤25%。

3级　中倒：25%＜倒伏植株率≤50%。

4级　重倒：50%＜倒伏植株率≤75%。

5级　严重倒：倒伏植株率＞75%。

1.14 抗病性（指大豆花叶病毒病，调查3个重复所有植株）：分别在盛花期和结荚期调查。感病程度以发病率最高的病级确定。具体分级标准如下：

0级　叶片无症状或其他感病标志。

1级　叶片有轻微明显斑驳，植株生长正常。

2级　叶片斑驳明显，轻微皱缩，叶片有褐脉或波状隆起，植株生长无明显异常。

3级　叶片有泡状隆起，叶缘卷缩，植株稍矮化。

4级　叶片皱缩畸形呈鸡爪状，全株僵缩矮化，叶片上出现系统性脉枯或顶芽枯死，结少量无毛畸形荚。

1.15 其他病虫害：记载发生严重的病虫害名称及发生程度。

1.16 种皮色：指籽粒种皮的颜色，分为黄色、青色、黑色、褐色、双色5种。

1.17 脐色：指籽粒种脐的颜色，分为浅黄色、黄色、淡褐色、褐色、深褐色、蓝色、黑色7种。

2 室内主要性状调查考种

取试验小区内中间两行生长正常无缺株的连续10株为考种样本，3个小区各取1次（计算小区产量时注意在哪个小区收取的样本，产量应计入该取样小区内）。将以上3个样本各算其平均值，取均值较近的2个算均值。以下项目凡有数据者除百粒鲜重等数据外，每重复均用10株数字平均。

2.1 株高：子叶节到植株顶端的高度（不包括顶花序），以厘米（cm）表示。

2.2 主茎节数：指主茎，从子叶节起数到顶端节的节数，不包括子叶节及顶端花序。

2.3 有效分枝数：指主茎上结荚的有效分枝数，有效枝至少有2个节，1个节不计分枝。

2.4 单株总荚数：为秕荚、一粒荚、多粒荚（2粒及以上）的合计。

秕荚：荚中无籽粒。

一粒荚：荚中仅1个粒位。

多粒荚：荚中有2个及以上粒位。

2.5 单株有效荚数：指含有1粒以上饱满种子的荚数。

2.6 每荚粒数：调查每个单株实有荚数和粒数，粒数/荚数为每单株的每荚粒数，取10株样本平均值，单位为粒。

2.7 2粒标准荚长、宽：从荚最长、最宽处测量，以厘米（cm）表示。随机取标准荚10个，首尾相接连成直线后测总长，然后将同一组荚相邻并排后测总宽，最后取平均值，重复 1 次。测荚长时应注意排除荚柄的长度。

标准荚：指含有 2 粒及以上无损的饱满豆荚。

2.8 百粒鲜重：随机选取完整饱满豆粒 2 份各 100 粒，分别称重（若 2 次称重相差超过 0.5 克，则重新取样称重），计算 2 次称重平均值，单位以克（g）表示。

2.9 百荚鲜重：随机选取标准荚 2 份各 100 个，分别称重，计算 2 次称重平均值，单位以克（克）表示。

2.10 虫食粒率、紫斑粒率、褐斑粒率：随机取豆粒 300 粒，各挑出以上 3 种病虫粒，计算出百分率。

3 产量

小区产量称取应使用感量为 5 克以下的电子天平，样本产量及称重性状（如单株荚重、百粒鲜重、各种荚率等）均应使用感量为 0.1 克的电子天平。

3.1 小区鲜荚产量：指收获小区鲜豆荚总重量（克），小区各重复产量分别为各重复样本和小区产量的总和，保留整数。

3.2 每亩鲜荚产量：以小区产量折算成亩产量，单位千克表示。小数点后保留 1 位小数。

4 总结

试验总结应全面总结试验过程及品种综合结果，其主要内容应包括以下几个方面。

4.1 反映试验设计、操作、管理等执行情况。

4.2 概述当地气候特点以及对大豆生长的影响。

4.3 评价各参试品种的适应性和利用价值。

5　注意事项

5.1　各试点应认真按照项目和标准进行调查、记载，切勿漏记。

5.2　资料整理表中以品种序号为序，品种评价中以产量位次为序。

5.3　数据整理时，生长日数保留整数，其他性状小数点后保留1位小数。

5.4　数据整理时，未调查或无数据写“—”，已调查无症状或数据写“0”。

REFERENCES 主要参考文献

陈子文，2016. 锄草机器人电液伺服控制及作物定位信息优化方法研究［D］. 北京：中国农业大学.

董明远，1982. 大豆的一生［M］. 杭州：浙江科学技术出版社.

杜兆辉，陈彦宇，张姬，等，2019. 国内外旋耕机械发展现状与展望［J］. 中国农机化学报，40（4）：43-47.

姬江涛，贾世通，杜新武，等，2016. 1GZN-130V1 型旋耕起垄机的设计与研究［J］. 中国农机化学报，37（1）：1-4，21.

李巧芝，柴俊霞，2017. 大豆病虫害原色图谱［M］. 郑州：河南科学技术出版社.

李艳，2015. 山区微型播种施肥机振动特性分析与优化设计［D］. 合肥：安徽农业大学.

李振，2014. 中耕追肥机施肥铲的设计与试验研究［D］. 哈尔滨：东北农业大学.

楼婷婷，姚爱萍，柳国光，等，2019. 青毛豆深加工机械技术研究及优化方向［J］. 农机使用与维修（9）：7-9.

马标，付菁菁，许斌星，等，2019. 有机肥撒施技术及装备研究［J］. 中国农机化学报，40（8）：1-6.

秦广明，肖宏儒，宋志禹，2011. 5TD60 型青大豆脱荚机设计与试验［J］. 中国农机化（5）：80-83.

汪自强，夏国绵，2019. 菜用大豆栽培新技术［M］. 杭州：杭州出版社.

王福义，2016. 5MDZJ-380-1400 型毛豆摘荚机的设计［J］. 农业科技与装备（9）：11-13.

王汉羊，2013. 2BMFJ-3 型麦茬地免耕覆秸大豆精密播种机的研究［D］. 哈尔滨：东北农业大学.

王金陵，1982. 大豆［M］. 哈尔滨：黑龙江科学技术出版社.

王连铮，郭庆元，2007. 现代中国大豆［M］. 北京：金盾出版社.

王绶，吕世霖，1984. 大豆［M］. 太原：山西人民出版社.
王显锋，张红梅，徐新华，等，2015. 自走式菜用大豆摘荚机的设计［J］. 大豆科学，34（2）：310-313.
韦丽娇，张园，李明，等，2016. 基于降阻节能技术的凿式深松机的研制与试验分析［J］. 现代农业装备（4）：39-43.
许林英，张琳玲，2021. 鲜食花生品种和高效栽培管理技术［M］. 北京：中国农业出版社.
袁守利，陈昌，董柯，2015. 3WPZ-500 自走式喷杆喷雾机液压系统设计［J］. 武汉理工大学学报（信息与管理工程版），37（6）：855-859.
张秋英，李彦生，杜明，等，2016. 菜用大豆栽培生理［M］. 北京：科学出版社.
张树勋，2016. 大豆播种机结构设计与排种器性能试验［D］. 合肥：安徽农业大学.
张维，王佳，2014. 气吹式大豆精量播种机的设计［J］. 中国农机化学报，35（4）：6-8.

图书在版编目（CIP）数据

鲜食大豆高效种植新技术 / 许林英等主编．—北京：中国农业出版社，2022.12
ISBN 978-7-109-30348-5

Ⅰ．①鲜…　Ⅱ．①许…　Ⅲ．①大豆—栽培技术　Ⅳ．①S565.1

中国国家版本馆 CIP 数据核字（2023）第 002615 号

鲜食大豆高效种植新技术
XIANSHI DADOU GAOXIAO ZHONGZHI XINJISHU

中国农业出版社出版
地址：北京市朝阳区麦子店街 18 号楼
邮编：100125
责任编辑：冀　刚
版式设计：王　晨　　责任校对：吴丽婷
印刷：北京通州皇家印刷厂
版次：2022 年 12 月第 1 版
印次：2022 年 12 月北京第 1 次印刷
发行：新华书店北京发行所
开本：850mm×1168mm　1/32
印张：6.5
字数：170 千字
定价：38.00 元
